如果你打算彻底改善焦虑症状，那么《跳出猴子思维》是你的不二之选。珍妮弗·香农将会帮你从忐忑忧虑的迷思中解放出来，并教会你如何踏上自己心之所向爱的生活轨道。

——里德·威尔逊博士，著有《关掉脑中的噪声》

对于想要赶走恼人的焦虑和不安的读者来说，这本书简直就是瑰宝。珍妮弗·香农用“猴子思维”这一简单的比喻为题，并以睿智的语言和简易的步骤进行分析和指导。

本书以平实的语言、详尽的步骤为您展示如何让焦虑自生自灭。珍妮弗·香农将认知行为疗法（Cognitive Behavioral Methods）、接纳与承诺疗法（Acceptance and Commitment Therapy，ACT）中最上乘的方法融会贯通，为您呈现这本极为有效的自助疗愈手册。阅读本书，你能够学习到如何将自己的精力与关注点重新放回人生航道上，而不是被担心和恐惧牵着鼻子走。专业的心理治疗师也会从这本书中受益。我强烈推荐！

—— 戴维·卡博内尔博士，芝加哥心理学家，专攻治疗恐惧与各种恐惧症，著有《惊恐发作应对指南》《担心的小把戏》，他是网站 www.anxietycoach.com 的“教练”

《跳出猴子思维》思路清晰、简单易懂。你将从中学会以简单有效的策略来减缓恐惧和担心。珍妮弗·香农教您如何踢开思维中的焦虑之猴，并改变人生走向。

——丹尼斯·格林伯格博士，《心灵控制情绪》合著者

跳出猴子思维

如何打破内心焦虑、恐惧和担忧的无限循环

[美] 珍妮弗 · 香农（Jennifer Shannon） 著
[美] 道格 · 香农（Doug Shannon） 绘
张 越 译

DON'T FEED THE MONKEY MIND

HOW to STOP THE CYCLE of ANXIETY, FEAR & WORRY

上海社会科学院出版社
SHANGHAI ACADEMY OF SOCIAL SCIENCES PRESS

推荐序

什么样的心理自助书算优秀呢？多年来我一直在探寻答案，而现在我在这本书中找到了，可以归结为三个基本要素：专业知识，在某一问题上的独特视角，以及最重要的一点——超越专业人士的、对于这一问题的深刻见解，以这本书来说，就是对于焦虑的见解，以及跟焦虑作斗争究竟是怎样一回事。

珍妮弗·香农自己也承认，她对这个话题十分在行。她不但有亲身与焦虑作斗争的经验，而且拥有多年的职业实践，基于此，她总结了不少内容，迫切想要跟读者分享。她所传递的信息很及时，非常适合我们所生活的这个被焦虑裹挟的当今社会。

这是她的第三本著作，珍妮弗以直截了当又妙趣横生的语言，向我们阐释了她对焦虑问题的独特看法及治疗办法。她将焦虑根源的核心比喻为猴子思维，这说法虽然古老，但是在她的描述中显得颇具原创性和新鲜感。在第一章当中，她向我们介绍了猴子思维所惯用的三个基本伎俩，全书由此开展，描述了一系列策略帮你打破焦虑循环，并令那只胡闹的小家伙消停下来。

千万不要认为，珍妮弗所展示的这些焦虑应对策略十分有趣、操作性强，就说明效力欠佳。三十年的研究证明，这些技巧并不是假把式，而是实打实的真功夫。

本书传递出清晰连贯的信息来帮你克服一切类型的焦虑。如果你受到焦虑的困扰，那么这本书一定能触动你。因为这本书出自一个亲身驾驭了自己焦虑之猴的作者，而她渴望帮助你也能达到这样的目标。

迈克尔·汤普金斯博士

引言

这本书将以一种清晰而令人记忆深刻的方式向你揭示你需要知道的一切，以有效减轻你的焦虑、担心和压力。

这是个大胆的承诺，我不会掉以轻心。让我觉得自己有资格这么提的一个原因是，我是一名拥有二十年临床经验的、专门治疗焦虑症的治疗师。另一个原因是，我天生并不具备轻松随意的神经系统。像你一样，我也饱受焦虑和担心的困扰。

自从记事起，我就是个焦虑的孩子。我就不说那些什么长期噩梦、莫名其妙的胃疼和没完没了的担心之类的倍受折磨的细节了。二十来岁的时候，我的焦虑仍然持续不衰，我开始寻求治疗师的帮助。我的治疗师为我进行了心理动力诊疗，也就是俗称的“谈话疗法”，而这个疗法基于一个假设，即一切问题源于童年，而一旦我们对于这些问题有所洞察自然就有机会向着更健康的状态发展。经过几次治疗，我和我的治疗师推断，我的焦虑可能归因于我的父亲，他向来极为挑剔，导致我们之间的关系疏远，也导致我害怕被品头论足、被批评挑剔。诸如此类的发现涌现在我眼前。我感到焦虑是有道理的，这不是我的问题。然而，我的焦虑仍在继续。

几年之后，在我第一个孩子麦克斯出生后不久，我开始出现惊恐发作。据统计，几乎50%的成年人至少经历过一次惊恐发作，如果你经历过，就会明白那感觉有多可怕。我的整个身体被极端的恐惧攫住，心脏狂跳，瞬间就要腹泻，视线模糊，听力下降，所有东西都变得不真实。

很快，我在一天中任何时候都有可能面临惊恐发作。有时候，甚至还会从睡梦中惊醒。我觉得自己要疯了。我有个孩子要照顾，我还开始了职业治疗师的生涯。我很害怕惊恐发作会影响到对自己来说最重要的东西：养家和工作。我知道我需要帮助。

我和新的治疗师讨论出的结论是，要抚育新生儿的压力大概是触发惊恐发作的根源。我们探讨了我的过去是如何让我变得容易焦虑的。我又一次得到了各种洞见。但是惊恐发作还在继续。

治疗师和我都认为放松会对我有帮助，所以我每天都会尽力地练习进入放松的状态。我满怀期待地尝试了一盘又一盘放松磁带，盼着下一盘能发挥魔力。然而，我的状况仍然没有缓解。我找到了一个人帮我做生物反馈疗法，也就是人被连接到一台指示身体放松状态的机器上，从而达到放松的训练方式。我相当努力相当投入，但是惊恐发作还是会不时重现。

我很绝望。我所做的一切都是为了弄清楚，为什么惊恐发作会发生在我身上，我想阻止它，但这一切努力都无效。我开始对自己的职业选择产生严重的怀疑。我要是连自己都帮不了，怎么帮助别人呢?

后来有一天，在家附近的一家书店里，一本书的标题突破层层书架映入我的眼帘：里德·威尔逊（Reid Wilson）的《不要恐慌》（*Don't Panic*）。我当即就读了起来，几分钟后，我站在过道上，流下了如释重负的泪水。我终于找到了一个理解我的人。

我从威尔逊的书中发现，我究竟为什么会经历惊恐发作远不及我该如何应对恐慌来得重要。试图解决问题的种种努力，无论是分析它、挖掘它，还是想要以放松训练的方式摆脱它，都令整个状况变得更糟。我需要以全新的反应来面对惊恐发作，一旦学会了对恐慌采取不同的态度，我就能从恐慌中解脱出来。

《不要恐慌》是我第一次接触认知行为疗法。认知行为疗法并不把焦点放在问题的根源上，而是关注为什么问题仍在继续。受到我个人经历的启示，我通过阅读、参加工作坊、向认知行为治疗业内的顶尖专家请教等方式来重新训练。我开始把职业方向切换到认识行为疗法上，这给我的工作效率和成就感带来了不可估量的转变。

直到职业生涯的后期，我才意识到，关注为什么问题仍在继续不仅对所有类型的焦虑和抑郁都有效，而且对过上更充实、更多自我实现的生活也有效。不管你是想把自己从一个特定的问题中解放出来，比如我的惊恐发作，还是只想过一种更快乐、更成功、更平静的生活，使用的工具都是一样的。

我经常对我那些焦虑症患者说，他们是幸运的。他们的幸运之处在于，大多数人的焦虑都在可忍受的范围内，而他们的焦虑太突出了，不容忽视。因此，他们就拥有了寻求帮助的切实动机。我所教的方法不但能帮助他们克服焦虑，还能对他们未来可能面对的一切问题有所助益。

你有改变的动力吗？如果有的话，就继续往下看吧！你需要知道的一切都在这本书里。

目录

CONTENTS

附录

CHAPTER 01

为何你会陷入焦虑的深渊

DON'T FEED THE MONKEY MIND

你有没有过这样一种感受，好像自己的生活在输液，而输进去的正是恐惧。

早上6点：我昨晚睡不着，现在晕晕乎乎的，实在干什么都出不了成果。

6点01分：我有没有检查好，孩子们的功课完成了没有？

6点02分：老天，真希望股市能坚挺！

凡此种种，贯穿全天。

事实上在我们生活当中，的确有个实实在在的输液瓶，其中点滴坠落的正是恐惧，它实际上是一种剂量稳定的应激激素，会令你产生焦虑和担忧的感受。开具这副“处方”并要求持续不断注入体内的，恰恰是我们自己的大脑。你试图反抗，却只会令情况更糟。

本书将揭示，你为什么无法抑制自身的焦虑。实际上，你会发现那些试图抑制焦虑的举动，偏偏会令你持续焦虑下去。抵抗、逃避抑或分散注意力等种种行为，会向大脑发出错误的信号，而引发新一波的焦虑，并愈演愈烈。我将其称为——喂猴子。这里所谓的“猴子”，指的是猴子思维（英文谚语中，常用猴子来比喻焦虑、烦躁等情绪），一个和行为一样古老的的隐喻。让我解释一下我的意思。

数千年间，先哲们一直把人类的内心比作一只猴子——子虚乌有中，从思维的一端跳跃到另一端，从不满足、永不停歇。忧虑始终在我们的脑海中回响，就像猴子叽叽喳喳不停。强烈的情绪令我们盲目抓住任何聊以慰藉的东西。然而真正的解脱，却永远在我们无法企及的地方。

无论是由于遗传特征还是生活创伤，我们当中有成千上万的人饱受过度焦虑的困扰。但无论焦虑是以怎样的广度和强度呈现的，有一件事对我们所有人来说都是真实的。除非我们感到安全，否则我们就不会放松、平静。无论什么物种，人类也好，其他生物也罢，从本质上来说，首先都要生存。保证自身安全是我们的第一要务。当感到自身安全受到威胁时，其他的一切，无论是欣赏生命的美丽与奇迹、追随内心的声音，或仅仅是活在当下，都得往后排。

无论你的人身安全是不是像你想象的那样受到威胁，你都会活在这种恐惧的阴影下。我们人类天生焦虑，别无选择。为了弄明白为什么会如此，让我们简要分析一下人类的大脑，而大脑有时候又被称为“恐惧中心”。

在头骨深处的中心位置、位于脊柱顶端，有一对杏仁大小的核，称为“杏仁核”。所有的人体体验，包括你所看到、闻到、听到、摸到、感到和想到的一切，都会经过杏仁核，就像是旅客都要通过机场安检一样。而在杏仁核里，每种体验都会立即自动被扫描，以排除威胁。

当感知到威胁时，杏仁核会向临近的下丘脑和肾上腺拉响警报，而后两者反过来会向交感神经系统发送荷尔蒙和神经信号，令交感神经系统加速心率和呼吸，使你浑身充斥应激激素，关闭消化及其他不必要的功能，总之是，开启求生模式。

对求生模式我们有何体验，或者我们有何感受？它不仅对我们自身的安全来说很重要，而且和我们的幸福感也有直接关联。出于对威胁的感知，我们可能会体验到诸如心悸和出汗等生理不适，以及像是恐惧、愤怒和羞耻等负面情绪。这些感受都无益于内心的平静。它们可能会凌驾于一切我们想要开展的思考或行动之上，实际上相当于劫持了大脑的全部剩余空间。

如果无法尽享自身原本有能力体验到的、更高级别的功能，诸如放松、享受喜悦、向梦想前进，那就意味着安全警报系统使用过度了。生活当中一直有低度的消极情绪在点滴注入，那种情绪就是焦虑。存活下来，但生命却未曾丰盛。来世上一遭的使命，被对威胁的错误感知和杏仁核的虚假警报所压倒，又或者借用贤者的比喻，就是陷于猴子思维。

为什么说是“猴子”思维呢？难道恐惧和焦虑的源头，不是更像个需要被战胜的怪物或是应该要驱除的魔鬼吗？恐怕不是这样。头脑中的这一部分功能忠实而勤奋，致力于确保安全。它只不过是有些时候会撒点野、有点反应过度罢了，就像只猴子一样。

行动的号角

试想一下，你一大早去上班，在穿过交通繁忙的十字路口时，一辆卡车闯了红灯直接朝你冲过来。本能地，你腾空而起，瞬间跳上马路牙子，从卡车前面躲开。心脏狂跳、手抖得厉害，连咖啡都溅到了袖子上。这就是战斗或逃跑反应，尽管你可能并不享受这种感觉，但正是它让我们存活了数千年。

这个早期预警系统如此迅速而强大，瞬间覆盖你的整个大脑。无论你之前的思虑飘到哪，是看交通灯，还是琢磨一会儿要举行的会议，都会为之让路，解除威胁才是占据中心地位的第一要务。

这是应该的，毕竟大脑的首要任务就是活下去。战斗或逃跑反应是猴子思维吹响了行动的号角。若是没有它，大家都忙着跳悬崖或者摸毒蛇去了。

好像保证生命安全这个责任不够重大似的，猴子思维还要忙着大脑的第二要务，就是让我们与他人建立联系。除了类似于向你冲来的野猪、挥舞棍棒的敌人和高速行驶的卡车等种种威胁以外，猴子思维还能分辨有碍生存的社交威胁。它的功能就是这样设置的。即便在生命最早期、我们还是婴儿的时候，就可以从父母的面部表情读出安全或危险的讯号。为什么这是必须的呢？我们人类皮肤很薄，没有尖利的牙齿或爪子，也不是非常强健，极有可能成为其他食肉动物的目标。我们总是团队狩猎、群居生活，以便相互照应。祖先在家庭和部族当中的社会地位，对其生存至关重要。

为了保障你的社会地位，猴子思维总是保持着对周围其他人的观察和聆听，搜寻讯号来判断自己是否被尊重、被爱、有所归属。如果不跟邻居来往、惹恼朋友和家人，又或者是整个社群所蔑视的对象，即便你自己还没意识到，猴子思维也会读懂这些讯号并敲响警报。羞耻伴随着恐惧，将会把注意力吸走，并提醒你需要融入大家。

原生威胁

我将死亡和丧失社会地位或说被部族驱逐，这两种一直普遍存在的可能性，称为原生威胁。识别原生威胁的能力实在太重要了，以至于被植入大脑，成为我们行为操控系统的一部分。你不需要教蹒跚学步的小孩不能把手放进火里，或者不能踏出悬崖边缘。识别高度、噪音、蛇、尖牙以及其他危险局面等潜在威胁的能力，是人人皆有的。祖先们血淋淋的教训从基因当中传递下来，令猴子思维生出感知威胁的能力，使人类得以存活。

不幸的是，猴子思维也是我们所有现代焦虑的源泉。为什么？因为当猴子思维面临既定程序当中无法识别的东西时，就必须要猜测那属不属于威胁。对于有很多压力的人来说，猴子思维就会在猜测安全问题上出错。这就会引发很多误解。

差点被卡车撞到的第二天，你发现自己很焦虑地站在马路牙子上，紧紧抓着咖啡，等着交通灯变绿，你可能纳闷自己为什么会这么紧张。你清晰地记得，那辆卡车飞速而来、杀气腾腾的画面，但你非常清楚那件事纯属偶然。数据显示，在绿灯亮的时候穿越马路，基本上是没有危险的。不过，你还是很焦虑。那是因为猴子思维无法进行风险评估。就像一只真正的猴子一样，它不

擅长数学。

当卡车飞驰而来的回忆涌上心头的时候，猴子思维就会注意到，并对你所处的危险程度作出猜测。没有停下来反思（因为它并不能反思），它就敲响了警报。当猴子思维按下恐惧的按钮，我们就变得跟祖先们一样简单和一根筋了。焦虑是行动的号角。猴子思维在嘶吼，哇哇哇！出问题了。赶快处理！

你会作出什么反应取决于你过去学习到的反应模式。可能会吓呆了，几秒钟都站着不动，等其他人都安全过了马路才恢复过来。可能以后都不再走那个街角，或者一走上这条街就神经紧张，

一边为内心的恐惧感觉到羞耻，一边嘟囔着“这太荒谬了！”

当猴子思维使用王牌的时候，通常无论我们做什么都显得荒谬。一旦战斗或逃跑反应被激活，一切身体当中正在运行的化学物质、荷尔蒙和情绪，都会凌驾于大脑其他部分之上。

这么个小家伙却能引起这么大的反应，实在是了不起。大脑的指挥部是前额叶皮层，其大小与猴子思维所占据的那一部分相比，简直如大象一般庞大。它是有史以来最大的认知引擎，也是用于写作《哈姆雷特》、发明苹果手机、或许未来某天发明治疗癌症药方的主要工具。但是，一旦产生焦虑，猴子思维就能让大象后腿直立、惊恐地吹响象鼻。不管你有多聪明，不管你的视野多清晰，一旦透过恐惧的滤镜去看时，所有东西都扭曲了。

绑架

当被猴子思维绑架时，我们很容易犯两个简单的错误。第一，高估了威胁。当你今天走到街上时，再次碰上夺命卡车的概率到底有多少呢？几乎为零，但你却相信猴子思维的胡乱猜想：哇哇哇！我看概率很高嘛！

第二个错误就是低估了猴子思维拉响警报后带来的消极情绪的能力，而且低估了危险一旦发生后自身的应对能力。无论是在过马路还是爬梯子，都有可能出现事故。无论做什么事，都有可能失败。当你开口说话时，你可能会冒犯别人。但人生并不会因为这些麻烦成真了就中止下来。人们可以解决问题，恢复正常，从错误当中吸取教训而后继续生活。当我们感到猴子思维警报系统带来的消极情绪和感受时，不该使人生就此中止。

但很多人让自己的人生暂停了。焦虑所散发的气氛让人瘫痪，不能再去追寻梦想。人们成天成日地，有些人甚至成晚成夜地回顾过去，搜寻自己做错的地方；检视未来，预防类似错误的发生。对于已经做出的决定反复思量，总是怀抱着从前的忧虑沉溺在无尽的后悔当中，沉迷于无法掌控的事情中不可自拔。这都是对负面情绪和猴子思维叫嚣的一连串反应。哇哇哇！出问题了。赶快处理！

我们试图掌控事情的发展。我们刷手机或打开电视机，我们倒杯饮料、吃个零食，我们去逛街。我们总会凡事再三检查，看看有没有什么地方不对劲。我们想要拒绝的时候，却还是答应了。我们在网络上搜寻症状详情，安慰自己身上新长的痣并不会癌变。

这些分散注意力的策略和方法只会带来短暂的放松。猴子思维总是在运转之中，高度警惕，等待机会。如果你尝试过冥想，但在沮丧中放弃了，你就会完全明白我所说的这一切。当你注意力动摇的时候，猴子思维就会挤进来，把注意力集中在一些让你感到焦虑的事情上。

对于猴子思维来说，那句“抵抗无效”的陈词滥调竟然是正确的。猴子思维是大脑内部一种古老、简单、专注而且自动自发的机制，超出了我们的直接管控。猴子总是在那里，即便在你最希望享受没有它的时刻，例如当你一个人想要好好放松放松的时候，当你躺在爱人臂弯里的时候，当你试图追寻梦想的时候，猴子思维也一直存在。

尽管这听起来似乎很丧气，但实际上是个好消息。如果你能把焦虑看作虚假警报，也能把令人焦虑的念头当作猴子在叽叽喳喳，那就意味着你已经开始好转了。明白猴子思维是身体机能的一部分，但自己并不会被它完全驾驭。

在认知行为疗法当中，我们将之称为离解。渐渐体悟到上述内容之后，你体内的两个自我就会开始产生离解，也就是说，在那个对潜在威胁反应过度的自我和那个理智且能够注意到自己的想法、情绪和身体感受并学会适时将之推翻的自我之间，拉开距离。通过与患者们的接触我了解到，如果人们不把焦虑的源泉看作是体内的怪兽，而仅仅当作一只受了惊吓、试图完成本职工作的小猴子，离解就容易得多了。

这本书将教你如何提高对猴子警报的反应能力，这样你就能在被猴子思维警报绑架的情况下，保持清晰的头脑和适当的行动。拥有更强的适应力也会让你在真正的威胁出现时更机智、更灵活。通过练习，你所感到的忧虑会越来越少，我想这就是你读这本书的原因。阅读这本书还有一个额外的好处。通过这些练习，你也会找回自我价值并重新调整自己的方向，向着内心真正渴望的目标前进。

有了对猴子思维的新认识，你已经踏出了疗愈的第一步。你现在明白了，焦虑并不能限定你。它是你独特的一部分，只不过超出了你的直接控制。接下来，第二步就是认识焦虑是如何影响你的思维的。当你被猴子思维劫持时，你的观点会发生什么变化？

焦虑，是猴子思维感知到危险后，吹响了行动的号角。

CHAPTER 02

焦虑如何影响你的思维

DON'T FEED THE MONKEY MIND

几年前的一天早晨，我坐在笔记本电脑前，开始写我的第一本书，一本关于青少年如何克服社交焦虑的练习手册。我以前从来没有写过这种量级的东西，我简直不相信我在做这么一件事。作为一名心理治疗师，虽然我每天都会跟患者探讨焦虑这件事，但是就此著书却是另外一回事了。

双手伸向键盘的刹那，我的心跳开始加速，胃也紧绷起来。*我不确定该怎样把自己想说的内容表达出来，我对自己嘟囔道，一个真正的作家，总归要知道怎样表达想法才对。*看着停在键盘上空的双手，我觉得该去锉一锉指甲了。*万一我的论点还立不住怎么办？万一我阐发的那些概念并不适合写作成书怎么办？万一那些概念非但不适合写到书里，而且根本就是错的，怎么办？如果真的错了，那全世界都会认为我就是个骗子！*我忽然想起我早该去读的一篇文章——《再研究研究会不会令观点更清晰？》

*万一这本书不够好，我就会令编辑、读者、朋友和家人失望。我会令所有人失望的！*想到这里，我的双手已经开始抖了。望了望窗外，我又觉得真该有个人把后院的那坨狗屎清一清。

诸如锉指甲、清狗屎之类的琐事，都在引诱着我把写作扔到一边，但这些事却没有一样是真的那么重要或者紧急，非立刻处理不可。它们忽然引起我的注意，是因为我的身体和大脑都在说：出问题了。我正在经历一种感受——而我恰恰认为自己是这方面问题的专家——焦虑。我被猴子思维绑架了。

只要回头检视一番我那天早上的焦虑念头，就会发现自己当时作出了三个预设。第一，我认为自己必须要明确写作的内容。第二，我认为一旦有任何差错，自己就会被当作骗子。第三，我认为如果这本书不成功，就会令所有人失望。

这三个预设，正是普天下所有焦虑患者的通病。（是的，读者朋友，你如果读过引言就会发现，我本人也跟你们一样，是个焦虑患者！）因为这三个假设反映出了猴子思维的生存法则，我将其统称为猴子思维模式。

- 无法忍受不确定性：我必须要百分之百确定。
- 完美主义：我必须一点差错都不能出。
- 过度责任：我对所有人的幸福和安全都负有责任。

这些预设都是建立在不现实的标准之上。我们越想要实现，就越焦虑，也越不敢冒险。但为了自由自在地生活，也为了追寻

梦想，很多时候冒险是必须的。

那天早上，我在后院停下来，仔细整理思绪，探究了自己的内心。**我想，写出这本书才是我心底的愿望，我在这里拿着个狗屎铲干什么呢？**猴子思维模式很少如我们所愿，能够指哪打哪。实际上，它总是在拖后腿，让我们无法去追寻渴望的生活。

你会发现，自己大脑中至少闪现过上面说的其中一个预设，甚至三个都有过，毕竟这些预设正是支撑我们思想体系的中流砥柱。第一个预设尤其普遍，如果没有它，你压根就不会感到焦虑！

无法忍受不确定性

规划未来的能力，也就是预见问题和机遇的能力，就算称不上智人最重要的进化，也至少是最重要的进化之一。无论事关健康、财富还是家庭，人人都想知道未来会发生什么。**我要是生病了怎么办？股市会不会崩盘？我爱的人都能出入平安吗？**这些都是我们持续关注的问题，在规划未来的时候也会把这些因素考虑进去。可是理智的规划，怎么会落入忧愁幽思和走火入魔的境地？

猴子思维的中心任务是保证你在部族内安全地活下来，而排除一切不确定性因素，这个任务才最有可能实现。猴子思维的座右铭是**不了解的事物可能会置我于死地**。在它看来，只有在能够预知并掌控所有结果的时候，才能高枕无忧。**要么确知一切，要么就会死掉！**

可是我们唯一确知的，就是太阳明天会照常升起。如果不知道明天会发生什么就无法忍受，那自然没办法安然入眠。除非消除了所有潜在威胁，否则我们将无法放松或感受到任何快乐。我

们总会认为经过充分调研并保持足够警惕的话，就能做出正确的选择，所以面对抉择总是举棋不定。一遇到新的事物，在它的安全性得到验证之前，我们都会假定它是危险的。我们总是做着最坏的打算，因为下一秒钟可能会有厄运发生。

这种思维模式是要付出代价的。持续保持高度警戒的状态，会令我们倍感压力，满心焦虑，尤其是每当夜晚想要入睡的时候，就越发被压得喘不过气。正因为我们认为自己必须要做出正确的选择，所以做决定才变得如此艰难。像是选择一所大学或是一份工作这种重大决定时，大脑在重压之下简直要陷入瘫痪状态了。即便是像挑一双鞋子这样简单的小事，也会变得利弊纠缠，就像走迷宫般复杂。

总是预期困难重重，会引发强迫性查验行为，就像反复检查门锁好了没有，或者电器是不是都关掉了。你还会因此产生过度计划的倾向，哪怕是周末和假期都安排上日程计划。如果日程无法完成或是事情进展不如预期，就会变得沮丧，无法享受美好的时光。

你想让一切事情尽在掌控是很困难的，因为需要确定的事情源源不绝。如果要追求对万事万物的绝对掌握，那么人生的每一秒，都将陷于求而不得的困境。当你的默认方案是保证在每种情况下都有一个好的结果时，你就把生活本身当成了一个威胁，也就是说你要对生活中的任何事情抱持查验、分析、评估、控制乃至征服的态度。你把宝贵的日子浪费在担心可能发生的事情上，而不是充实地生活和处理可能出现的问题。

玛丽娅

我的一位患者玛丽娅，是个具有猴子思维的综合性患者。玛丽娅的问题是，对一切身体感觉极为敏感，尤其是她心脏附近会有突如其来地刺痛、脑袋会胀痛、眼前会闪过一片片的光，而且手脚也会酸麻。一旦出现这些感觉，她就会担心身体出毛病了，诸如心脏病发作、长了脑瘤、视网膜脱落，或者是神经系统失调。为了缓解焦虑，她密切监控这些症状，并在网上搜寻相关解释。医生跟她保证过，这些症状都无关紧要，体检也表明她是健康的，但是玛丽娅却为了应付这些感受而花费越来越多时间和精力，她觉得它们正在毁掉她的生活。“我知道那些身体的疼痛很可能没什么大不了，”去过一趟急诊室后，她这样对我说，“但万一真是脑动脉瘤怎么办？”

尽管玛丽娅很聪明，了解到这些偶发的感觉并不一定是病理性的，但她却抱着凡事必须百分百确定的态度。每个感受在被证明是无害之前，都有危害嫌疑，而一一甄别这些症状的代价实在太高，一点点地消耗着玛丽娅的心神。由于不能忍受不确定性，玛丽娅被猴子思维绑架了。

我遇到的几乎每一个焦虑患者都跟玛丽娅有着类似的思维模式，也就是他们都认定，确定性不但是可能的，而且是平和与幸福的必需品。可是真相却恰恰相反。无论再怎么准备，结果还是不受控的。生活中总有逆境，我们应该灵活应对、顺势而为。生活也会有令人愉悦的惊喜，也就是那些超出预期的欢乐与平和的时光。很遗憾，只着眼于有把握的事情的人，是无缘体会这些的。

一定要对事情明确把握的那些人，会有以下问题：难以放松；难以做抉择；难以有自己的观点；担心自己的健康状况、家庭关系以及财务能力；过度计划并在计划不能如期进展的时候变得丧气；缺乏灵活性；有强迫症倾向；控制欲过强。

参见附录1“不确定性耐受度测试”量表，测试你的猴子思维模式有多严重。

完美主义

很多人都认为自己要求很高，不甘于平庸，总是追求卓越，总是要求自己全力以赴，并且取得最佳成果。这是完美主义思维模式的典型观点。

然而，真正的完美主义者却很少这样认为。在完美主义的猴子思维模式下，你必须得百发百中才行，根本就没有犯错的余地，任何不够完美的结果，都算失败。

当其他人在挑战更高的目标、承诺的奖赏，或者仅仅是完成某件事本身的快乐中找到动力时，完美主义者的前进动机只有一样，那就是害怕失败。心心念念就一句话，别搞砸了！只有分毫无差地完成社交活动或者其他任务的时候，你才会放松一些。

当感到自己在族群中的社会地位受到威胁时，这种思维模式就会启动。如果某件事的结果有可能导致你被家人、朋友、伙伴或是上级否定，猴子思维就会拉响警报。对于猴子来说，丧失社会地位可能意味着盟友减少、金钱损失、找到配偶的机会降低甚或招致彻头彻尾的驱逐，这全都是它生存下去的潜在重大威胁。

当我们被焦虑劫持时，我们倾向于和猴子一起思考。我们高

10

估了威胁，低估了我们应对威胁的能力。因此，我们每天的日程都由上百个需要预防小错误的计划组成。在社交场合，我们不能说错话，还得适时说一些机灵有趣的话。我们不敢迟到、不能穿错衣服，也不敢不用漱口水。我们决不能出洋相，也决不能做出任何令人指摘的行为。我们总会琢磨，自己有没有给别人留下好印象？我们的社交生活就像一个纸牌屋，只要打个喷嚏，所有的东西就会倒塌。

完美主义者竭尽全力成为最顶尖的人，并认为只要成了最顶尖的人，就没有人可以批评你了。但是，总有人比你更厉害，至少是有可能会变得比你更厉害，你需要不断证明自己。于是你就把自己跟其他人比较，盼着自己跟对方一样棒，甚至比对方更强。

更多时候，你发现自己不如别人，完美是很难达成的。结果就是，你觉得自己像个骗子，于是你更加努力工作，以此避免其他人的怀疑。你在工作上花费了很多额外的时间，但并未获得足够的安全感。完美主义者似乎没办法进入最佳状态，即便其已经达到最佳状态，却仍旧浑然不觉。

然而，我们的文化崇尚完美。成功的商业领袖经常自我标榜为完美主义者，并且以此为荣。伟大的艺术家、音乐家和运动英雄对于尽善尽美的追求，听上去是相当高尚的，但事实上，相对而言，很少有高成就人士期望自己达到完美。他们可能会追求高难的目标，但是万一结果不尽如人意，也能泰然处之，并不会让暂时的不如意抹灭自己再次尝试的勇气。

相比之下，完美主义者却总是做两手准备，最后只选自己确定能做得好的事情。只有某项任务正好在自己擅长的领域时，才会接下来。只有确保自己是最能胜任某个位置的人选，才会加入那个团队。若是被安排了某些并不能胜任的事，会拖延到最后一刻，这样就有了不完美的借口——没有足够的时间。

由于完美主义者是不能犯错的，所以就需要谨慎行事。只有实现目标的步骤明确，你才会设定目标。你会回避那些超出自身经验范围和极为考验自身能力的事。你也会回避那些需要创造力的问题，因为创造力是需要实验和不断试错才能达成的。

然而，失败总是在逼近。我们所做的每个决定或行为都暗含风险。如果我们愿意接受一些风险时，就能给自己更多的选择余地，万一事情出了差错也有心理准备。如果我们剥夺了自己犯错或失败的特权，我们将无法承担实现个人目标所必需的风险。这也是除了焦虑之外，完美主义还和抑郁、拖延、物质成瘾以及自卑有关系的原因。

埃里克

跟玛丽娅一样，埃里克也是个综合性患者。他带着两个问题找到我。工作上有重大决定的时候他总是犯难，因此尽管每周都工作 60 个小时，他还是落在了后面。用他自己的话说，在越来越少的空闲时间里，他总是“躲在家里”，而不是出去见人。当他为近来的工作表现感到羞愧，又害怕“说出什么蠢话把场面搞砸”时，问题终于大爆发——尽管身为公司的创始人之一，他却没有去参加办公室的年度假期派对。

不难发现，埃里克面临的两个问题当中是有共通点的。尽管他声称热爱自己所从事的 IT 管理工作，但是工作却沦为了给众人看的表演。公司的所有人，从合伙人到文员，就好像是看着他站在舞台上、聚光灯下的观众。一旦犯错，观众们的差评就会结束这场演出。

在社交场合中，他也在表演。埃里克体重超标，他觉得自己没有魅力。他认为自己不擅长聊天，还觉得自己嘴里说出的每句话都不对，而身边的人看起来都能那么放松自然地与人相处。埃里克感觉自己就像个没有剧本的演员，面对着一群严厉的观众展开即兴表演。他相当肯定观众给出的批评都会极为严苛。

埃里克像是骑着一辆完美主义的脚踏车，他需要每时每刻都证明自己。他批判自己所犯的每个错误，也反复思量自己所收到的一切评判与批评，而这一切都在向他表明自己不够好，或说自己在某种程度上失败了。在埃里克心里，这些缺点让他变成一个不太有价值的人，会被他所爱、所依赖的人抛弃。他相信，只要转动完美主义的脚踏车，他就能阻止这种事情发生。如果你也有着完美主义者的思维模式，那就意味着你也有自己的脚踏车，上面载着相应沉重的心理压力。跟你有关的事情千头万绪，每一条都有可能代表着需要解决的问题。

有着完美主义思维模式的人，可能会有以下问题:超负荷工作；取得的成就低于自身能力（因为不去尝试自己不擅长的事情）；认为一旦别人看到真实的自己就会被当作骗子；反复琢磨曾经犯过的错；自卑；拖延；难以做抉择而且在做抉择的时候过于保守；反复琢磨社交中的互动过程；害羞；有由于害怕出丑或被人严厉批评而退缩的倾向。

参见附录 2“完美主义倾向测试”量表，帮助你评估自己的完美主义倾向。

过度负责

“你是个负责任的人”是别人所能给你的最佳赞誉之一。在家里，负责任的人会从情感上、经济上等各方面支持所爱的人，打造牢靠的家庭关系。工作上，负责任的人会经常审视自己的弱点和错误，从不找借口，而是从问题中吸取经验教训、掌握新技能、获取新能量，让自己不断得到提升。在社会上，责任让我们为打造一个更加平等和公正的世界而奋斗，责任让我们关心贫困和污染。承担责任意味着不让事情往坏的方向发展，也意味着采取行动解决问题。

那么，过度负责又有什么问题呢？好东西还嫌多吗？噢，真的嫌多？

我女儿罗斯总是杂乱无章，还爱忘东忘西。在她还小的时候，每天早上是她最痛苦的时间段。她通常会在校车来之前半个小时起床、慢悠悠地吃早餐，然后赶在最后一分钟手忙脚乱地收拾东西去上学。她自然会落东西，像是外套、午餐和作业之类的，为了“帮助”她改掉这个毛病，我都快把自己逼疯了。我逼过她，提醒过她，也骂过她。最糟糕的是，当我不可避免地接到她的电话，她说忘了带一份极其重要的作业，如果今天交不上作业就会直接被判不及格，我居然开车给她送到了学校！

在有些人看来，这么做是一个家长负责任的表现。爱一个人，就该保护她、不让她遭遇坏事，不是吗？这是我们默认的文化传统，但事实上，如果想要罗斯清楚她自己该承担的责任，明白该怎么做才能活下去、过得好，那她就必须承担自己行为的后果。她的作业就该得个“不及格”，甚至她这门课都该得不及格。那是能够让她吃一堑长一智的唯一方法，但是我实在是过度负责了，没办法看着这种事情发生在她身上。

打着为女儿负责的旗号，我实际上是在对自己不负责。觉得自己有能力改变别人、让别人幸福的这种想法简直就是引火烧身，从个人生活和职业道路上来讲都是如此。

你是“讨好型人格”吗？是不是没办法拒绝别人的请求，也不能划清底线？你是不是总是最晚走、打扫收拾的那一个？是不是最早到、整理布置的那一个？你是不是“贡献型人格”？所有人都往后退的时候，就只剩下你孤零零地面对挑战？你是不是总会“帮人一把”？即便帮人就意味着不单单只完成分内的活儿？其他人是不是总指望着你而你也从来不会让他们失望？那家庭聚会呢？你是不是那个“最佳女主人”，为了让所有客人都玩得开心而发愁？这症状我可再熟悉不过了！

过度负责者很害怕关系受损。他们会把责任心倾注在那些舍不得惹恼的对象身上，像老板、同事、朋友、亲戚，甚至有些时候还包括完完全全的陌生人。而在这过程中，他们把自己忽略了。

也许你已经意识到自己做的太多了，也试着跟其他人约法三章。然而，一旦对方对此感到失望，你会为约法三章的决断感到内疚，或觉得自己很自私吗？如果别人生你的气，你会觉得那是自己的问题吗？即便别人是为了跟你完全没关系的事情生气，以过度责任者的思维模式，你仍然会认为自己有义务把对方哄高兴。过度责任者的思维模式就是要倾尽全力保全关系，无论付出什么代价，即便是步步退让去满足别人的需求和期待。

这并不是说，我们不需要承担任何责任。环境污染、饥饿和战争都是真正威胁到人类健康与安全的活生生的例子，每个人都要为解决这些问题承担一定的责任。但如果世界上还有人没有吃饱肚子，还有国家战火连绵，还有环境受到污染，你就无法安睡的话，那就是在承担过度责任了。

受到威胁的是别人的幸福与安全，而不是自己的，这一点令过度负责成为巨大的负担，也变得极为难以察觉。我们接受的教育就是要关心别人、助人为乐，还要跟别人互相照应。当你关心的人做了一个错误的决定，你认为纠正他、给他指点迷津是明智的吗？当你爱的人陷入痛苦时，你会不会觉得她不好起来，你的情绪也没办法高涨？

萨曼莎

过度负责的人很难认识到什么是他们可以控制，什么是他们控制不了的。即使你在冲突中有很强的个人利害关系，如果解决方案超出了你的控制，那也不是你的责任。以萨曼莎为例，她是一位综合性患者，她30岁的儿子酗酒，这给她带来了巨大的痛苦。

在找我治疗之前的十年间，她缩衣节食、无视自身健康，想要帮儿子戒酒，从帮儿子付拖欠的房租到强迫他去戒酒中心，她做了她能做的一切。萨曼莎觉得自己别无他选。她儿子喜欢喝酒，经常醉得不省人事、把自己弄伤，他很可能会失业，最终流落街头。

她当时想：

只要我儿子还在痛苦中，我就该想办法解决这个问题。

我儿子的需求比我自己的更重要。

如果我跟儿子划清界限以后他生气了，那就是我的不是了。

如果我儿子出事了，而我本来是有可能不让他出事儿的，那就还是我的问题。

如果认为自己能够获得幸福与安全感的唯一途径就是别人先幸福安全了，那你就要背负无限的琐事和麻烦，而这么大的责任是任谁也承担不起的。尽管你可以尽量令别人过得开心，也可以尽可能保障对方的安全，但你没有办法改变他人。只要你不放手，他们就会一直依赖你。总之，如果你认为满足自己的需求就会伤害到其他人的需求，那你就是个过度负责的人。

过度负责的思维模式会带来以下问题：总是比其他人更卖力；

替其他人承担问题；对自己的关爱不足；倦怠；总在担忧和思索着别人的事；给别人的建议多到把对方吓跑；因为别人的错误责备自己；很难坚守底线并且很难坚持自己的想法。

为了帮助你分辨自己是否有过度负责的思维模式，请使用附录 3 的量表进行测试。

这就是猴子思维的三个错误预设。只要我能够确知事情的发展，只要我是完美的，只要别人过得好，我就会安全、放松和幸福。这些预设都高估了潜在威胁的破坏力，低估了我们应对威胁的能力，都把对于潜在威胁的感知当成了真实存在而且必须解决的问题。

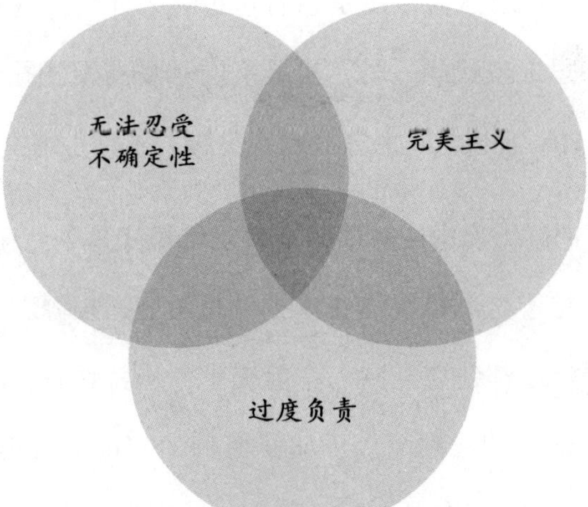

无论你是过度焦虑，还是患有焦虑症，你会发现自己至少具有上述三种思维模式的一种，也可能同时具有无法忍受不确定性和完美主义的思维模式，又或者跟我一样，三种思维模式全都有。

每当我们感到焦虑的时候，这种思维模式都是处在运行中的，也许会有人觉得这个思维模式本身就是焦虑的根源。大多数心理治疗和自助疗法都建立在同一个前提下，那就是只要改变思维模式就可以改变一切。然而，正如任何科学家都会告诉你的那样，关联和因果关系之间有很大的区别。

我认为猴子思维与焦虑的关系更像是“先有鸡还是先有蛋”的逻辑难题。但是，下一章要讲到的真正重要的问题，并不是猴子思维和焦虑到底谁先谁后，而是到底什么因素令我们的猴子思维启动了，并同时令我们感受到焦虑。先给个提示：正是那些企图控制焦虑的行为让猴子思维愈发壮大。

被焦虑绑架的时候，我们就会采取猴子思维模式，觉得为了安全，我们必须对所有结果了如指掌，我们必须是完美的，我们必须对他人的感受与行为负责。

CHAPTER 03

是什么启动了猴子思维

DON'T FEED THE MONKEY MIND

还记得我在第一章是如何用“腾空而起”来描述我们对焦虑的反应的吗？我一点也没有夸张。无论是当真躲过一辆高速飞驰的卡车，还是仅仅推迟了一个重要的决定，都是逃避的反应，并没有考虑之后的结果。无论是打电话询问医生你胳膊上刚长出的斑点是怎么回事，还是给儿子打电话确认他是不是喝醉了，都是

为了保证你自己或你所爱的人的安全。那些对消极情绪条件反射般做出的回避、抵制，或是分散注意力的行为，都被我称为“安全策略”。

我想要再多调研调研、修指甲或是清理狗粪便，而不是专心写我的书，就是在执行安全策略。正是这些行为让我远离被猴子思维感知到的原始威胁：丧失社会地位和被驱逐出部族。

我当然并没有把这件事的前前后后想得很清楚，处在被猴子思维绑架的状态下，自我意识是很难甚至压根不可能被唤醒的。我们无意识地启动了安全模式来应对猴子思维所引发的后果——焦虑。出问题了！想想办法啊！一旦我们真的有了应对之策，猴子思维就会奖励我们。它把警报解除了，令我们感到松了一口气。当我合上笔记本电脑站起来的时候，我立马感觉好多了。我不再焦虑了，而且还做了不少事。休息一会儿，我就可以重新回到写作中去，一切都会好起来的，不是吗？

错了！猴子思维不但监视着你的想法中是否有危险因素，它还监视着你的行为。当我合上笔记本电脑的时候，就给猴子思维发送了一条信息——干得好！写作对我的生存来说是危险的。

我证实了这一威胁。我认同了猴子思维，在那个时候写书是一种必须避免的行为。猴子思维喜欢被肯定。正如我在第 2 章指出的，猴子思维不擅长风险评估，拉不拉警报全靠瞎猜。我对潜在威胁的肯定对它来说是一种奖励。这种行为就是在喂养猴子思维。

可以想见，那天早上当我再次坐下来试图继续写作的时候，猴子思维是如何反应的。没错，我又一次被焦虑的风暴席卷了。安全策略维持着“焦虑循环”，每当我喂养猴子思维的时候，每当我重复着焦虑循环的时候，就会换来暂时的放松，却给未来带来了更多的焦虑。

下图是焦虑循环的过程。

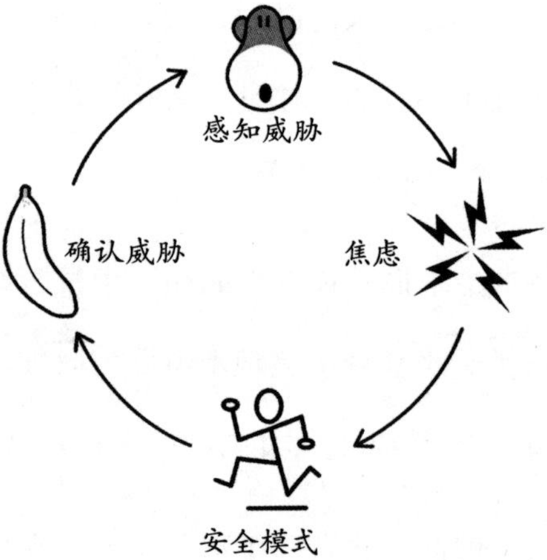

当遇到飞速的卡车、响尾蛇和熊的时候，焦虑循环是一件好事，但是我们日常所面临的大多数情况往往比较模糊难定。写一本糟糕的书是否真的会威胁到我在朋友、家人和同行中的地位？

有可能。但是具体估量这个威胁到底有多大，对焦虑之猴来说是有困难的。对概率进行计算以及对风险进行评估，是由大脑的其他部分完成的。焦虑之猴不会算数。

它只会猜。由于焦虑患者的猴子思维很容易被启动，于是总是倾向于作出保守的判断。可是，猴子思维为什么在我的行为刚刚肯定了它的猜测之后又改变想法了呢？

猴子思维就像个小孩子或者小宠物，总是保持观望，要根据你的指引来决定下一步动作。我必须强调“观望”这个行为，因为你是没有办法告诉它任何事的。猴子思维无法被说服、安慰，也无法将注意力从自己的终极使命上挪开。在生活中得到我们想要的东西，唯一的办法就是通过自身行为来压过猴子思维的警报。

对我来说，那就是不管感到多焦虑都继续写作。只要我能坚持足够长的时间，猴子思维就可以得到一个信息：写作一本书对我来说是可以应付的，也可以承受其相应的风险。但如果我按照猴子思维的指令行事，当我对“威胁”有与它相同的看法时，我怎么能做到这一点呢？

猴子思维模式必须被统御在我们自身的行为之下，即便只是暂时的也好，随后再见招拆招。但不幸的是，只要安全模式启动了，猴子思维也会随之加强。

喂养猴子思维模式

还记得你小时候曾经暗暗祈祷父母会停下匆匆的脚步给你买个冰淇淋吗？如果他们没有停下来买，回头你就把这件事儿忘了；但如果他们真的停下来买了，你就会认为“是我的祷告应验了，所以我才有冰淇淋吃”。又或者你可能经历过这样的感觉，认为自己对于不相干的事应该负责，比如“因为我不听妈妈的话，所以她气得得了肠胃感冒。”

在焦虑、被猴子思维绑架的心理状态下，我们的思维变得幼稚而迷信。我们把所有引发当前结果的原因往自己身上揽。如果你启动了安全模式，而且刚巧最终得以平安无事的话，你就会无意识地认为“正因为我采取了预防措施，才安全过关”。我管这个叫作“猴子逻辑”。

猴子逻辑在面临真正危及生命的威胁时，是相当管用的。但当人们对威胁存在误解时，它只会支持你的猴子心态。那天早上，当我合上笔记本的时候，就等于确认了猴子思维模式得出的结论：**我必须得十分确定才行！我一定不能犯错！我对所有人都负有责任！**当我们喂养焦虑之猴的时候，猴子思维也开始膨胀。

只要我坚持猴子心态，使用安全策略，我就不会犯错，不会失败，不会让每个人失望。我是在防止社会地位丧失这一后果极其严重的事件发生。但这样做的同时，我也在阻止我能想象到的最好的事情发生：写我的书。

我的患者们也是因为无法实现生命中最美好的愿望而来就诊的。让我们再进一步探究一番焦虑的循环，正是它令患者们饱受焦虑困扰，并且深陷猴子思维模式而无法自拔。

玛丽娅：无法忍受不确定性

玛丽娅担心自己身体敏感是重大病变的前兆，她不爱动，这种偏向静态的生活令她比一般人更容易感到疼痛。尤其是胸痛令她感到恐惧，她认为自己得了心脏病，多次去看医生、跑急诊室之后，发现只不过是拉伤了胸腔上的某块肌肉，或者是会自行好转的寻常绞痛。

无论这种行为模式重复多少次，玛丽娅的焦虑仍旧与日俱增。在她看来，自己的身体就是个战场，是个令人极为不适的所在。玛丽娅的焦虑之猴总是加班加点地发送警报，让她小心潜在威胁。正是玛丽娅对焦虑警报的反应令焦虑之猴越来越猖狂。每当玛丽娅想办法确认自己安全无虞的时候，就等于是确认了危险的存在，这无异于给焦虑之猴奖励一只大大的、黄澄澄的香蕉。以焦虑之猴那严丝合缝的逻辑推理，它就会认为“由于我警告玛丽娅她可能会心脏病发作，所以她才去看病，最终成功阻止病发！”

玛丽娅的焦虑轨迹已经铺设完成，并且随时准备再来一波新的焦虑循环。如图所示：

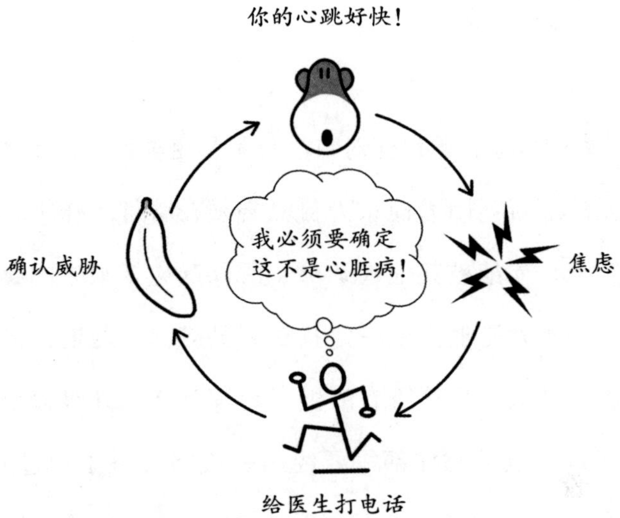

玛丽娅不仅仅喂养了焦虑之猴，她还以焦虑之猴的思维方式进行思考。“因为我去急诊室确认过心脏没问题，所以它的确是没问题的”，这完全是猴子的逻辑。她的每一轮焦虑感都在强化猴子思维模式下“我必须要确认这件事”的预设。

玛丽娅认为需要确认自己一切生理症状。那么你认为自己需要对什么事情确定无疑呢？

埃里克：完美主义

埃里克的焦虑，源自他对自己是不是足够好、能不能被其他人所接受的怀疑。因为他认为自己必须在管理工作上、在社会中达到完美，才能被其他人认可，所以产生了很多的疑虑。一个典型的例子就是他需要决定找哪家供应商来帮他把公司的重要软件进行升级。尽管所有的供应商都承诺，升级肯定会令系统更加高效，但是怎样都需要经历一段略微艰难的过渡时期，因为公司所有员工都需要学习新系统的操作方法。对埃里克来说，做出正确的选择对维护自己在公司的地位至关重要。对猴子思维来说，这个决定就是个潜在的威胁。如果他选择的系统比较难以掌握，又或者其效果不如预期，他就会被视为失败者，然后被扫地出门。

埃里克通过加班研究几个供应商的方案，来应对自己的焦虑。他广泛会见不同供应商的代理人、汇集资料，最后作出不同的规划。经过数月的加班，在整个团队已经对他的调查问卷越来越没耐心之后，他仍然举棋不定。

埃里克在经历焦虑的循环。每当软件升级的问题浮现出来，猴子思维都把它当作一个威胁，从而敲响警报。你必须把这个事情弄好。想想办法！于是，埃里克就给一个又一个供应商代表打电话，或者做一遍又一遍的调研，不然就是重新列出各大供应商软件的优缺点。总之，还是没有做出最终的决定。当他启动类似的安全策略时，焦虑程度就下降了，对于那个当下来说，反正危机是解除了。

埃里克的安全模式不仅阻止他做出不够完美的选择，还阻止他做出任何选择。每当他听到猴子的警报而推迟决定时，就是在喂养焦虑之猴。一旦面临决策，就开始对危险的感知进行确认，则会令焦虑之猴在未来更频繁地敲响焦虑的警钟。

每当焦虑之猴得到喂养的时刻，埃里克的完美主义思维模式也随之加深。按照猴子逻辑，那就是“因为我推迟作决策，所以免于犯错，也就安全了。”

埃里克的焦虑轨迹如下图所示：

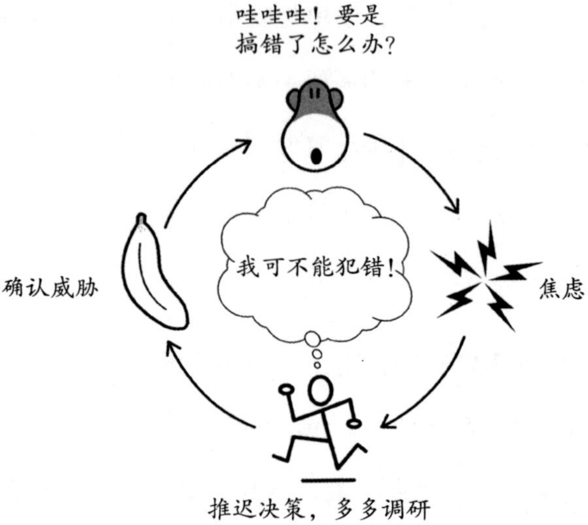

萨曼莎：过度负责

对于儿子酗酒的萨曼莎来说，焦虑的循环是非常令人痛苦的。正如前文所述，她所感知到的威胁是真实存在的。她唯一的儿子面临着失业、丧失住所，甚至丧命的危险，这世上没有哪个做父母的不会为此感到焦虑。萨曼莎倾尽所有来帮儿子还债，虽然收效甚微，但她还是替儿子支付了戒酒费用。她患有高血压，睡眠也有问题。医生警告她，必须要好好照顾自己，否则她谁也照顾不了。问题是，儿子已经出生 30 年了，萨曼莎作为母亲，为什么还保持着对儿子如此高度的关切呢？

让我们来看看萨曼莎日常生活中最普通的感知焦虑的方式，以便找到上述问题的根源。只要她有一阵子没有儿子的消息，脑子里就会闪现出一幅幅恐怖的画面——儿子喝得不省人事，耳朵流着血，诸如此类。画面本身是很寻常的，也完全带来不了什么实质性的伤害，而且即便她大脑中闪过了这些图景，也不意味着实际情况就真的比想象中的更危险、更紧迫。但是焦虑之猴看到这些画面之后就敲响了警报，让萨曼莎陷入痛苦的忧虑中，她立马被猴子思维绑架了。如果他醉得不省人事，而且需要医护救治怎么办呢？要是我什么都不管，他可能会死掉。

接下来萨曼莎的行为就自动化了，她会给儿子打电话查岗，听到儿子的声音，确定他好好的，她也就不再感到忧虑。这就是萨曼莎的安全策略。她在确保儿子的安全，一旦听到儿子的声音，即便对方听上去很烦而且对她很粗暴，她就觉得自己又可以呼吸了。这场危机解除了，或者说危机延后了。

萨曼莎通过打电话确认儿子还健康活着，这一举动给焦虑之猴传递了一个信息，就是她对威胁的感知是真实存在的，他儿子真的有可能会醉得不省人事、浑身流血。结果就是她反复告诉焦虑之猴："多谢提醒！让我产生焦虑感的确能唤醒我的注意，从而救我儿子一命。下次一旦出现类似的念头，可一定要再次敲响焦虑的警钟啊！"

萨曼莎的焦虑轨迹如下图所示：

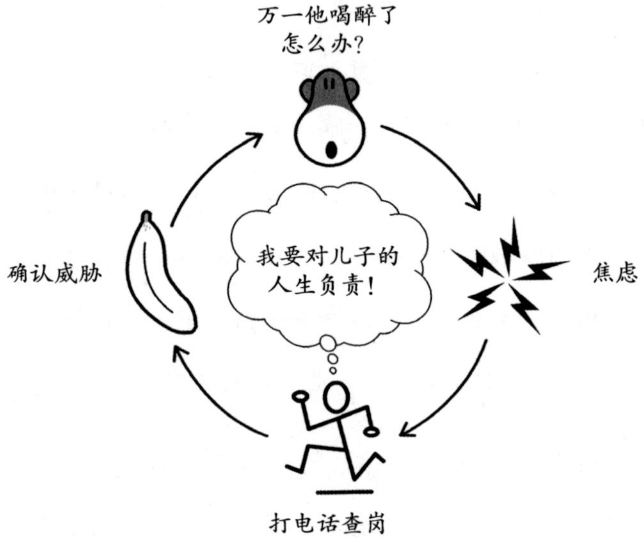

喂养焦虑之猴为这一循环提供了充足的动力，每一环的推进不但强化了她对威胁的感知，而且强化了猴子思维模式。她的猴子逻辑是这么认为的：因为我给儿子打了电话，所以他活着。这也进一步支持了她认为自己要对儿子负责的想法。

你能识别自己的焦虑循环吗？下面这个练习可以有效地揭示将你困住的焦虑循环。

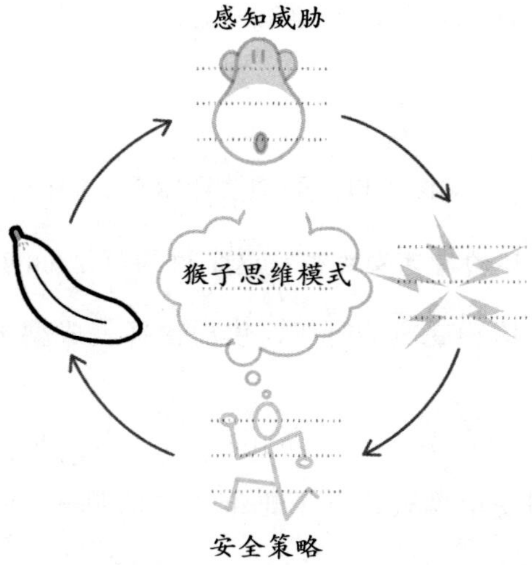

首先，想一想让你感到焦虑的情况，可能是一种身体上的感觉，就像玛丽娅那样，也可能是发生在工作中的情况，又或者是跟你的家庭生活或家人有关的状况。一旦你脑中有了特定的情形，就问问自己下面这 3 个问题：

1. 我害怕什么？
2. 如果这件事成了真，最糟会产生什么后果？
3. 这对我、我的生活和未来，意味着什么？

根据这些问题的答案，来判断你所感知到的威胁是什么。

然后，描述这些想法带给你的感受。你能识别哪些负面情绪和感受？你身体的哪些部分受到了影响？在空白图表上将这些一一记录下来。

一旦你很好地掌握了自己的想法和感受，问问自己：**我该怎么做才能避免最坏的情况发生呢？**这个行为就是你的安全策略。当你把这一部分填写完成的时候，焦虑循环就成型了，确切地说，是大体成型了。

一旦启用安全模式，猴子思维当中的哪一种或哪几种模式会启动？把那个模式写到中间的泡泡框里。为了简单明了，你可以选用以下三种预设当中最贴切的那一条："我必须百分之百

有把握”“我绝对不能犯错”或“我要对所有人的幸福与安全负责任”。

无论是玛丽娅、埃里克，还是萨曼莎，都没有过上他们想要的生活。以猴子思维模式来思考，就好像是射箭选手一定要射中靶心一样，射偏了都不算数。只有箭头正中红心射到安全区域内，她才会感到满足，而满足并不能维持多久，因为她还是会“失手”。这就是要么大获全胜，要么一无所有的思维模式，而我们通常得到的结果，偏偏是一无所有。

向下的循环

安全策略和猴子思维模式以消除风险为己任，然而如果不冒任何风险，新体验和新知识根本无从获取。我们的想法、行为以及焦虑程度都变得固化而可以预见。久而久之，内心的渴望被渐渐遗忘。埃里克害怕去自己一手创建的公司上班。玛丽娅放弃了她最爱的旅行，因为她不敢跑到离医院太远的地方。萨曼莎永远无法退休，因为她对儿子的责任耗尽了她的银行存款和健康。在焦虑循环当中，活着的乐趣没了，我们的世界变得越来越小。

“难道猴子思维就意识不到，生活中除了生存以外，还有其他东西吗？”你可能会这么问。“它是不是真的那么原始、那么愚蠢，不明白对我来说什么东西重要？难道它就没有学习能力吗？难道它就不能看到我内心所向，然后把焦虑感降低一些，好让我得偿所愿吗？”

不行，它做不到。用猴子思维推理是行不通的。它实在是太单纯太原始了，看不到大脑的其他部分所能见的宏观图景。焦虑之猴的世界观是相当狭隘的。他感知到威胁与否，完全取决于一件事，那就是参照你的行为模式来行事。如果你不想被焦虑之猴驾驭，那最应该调整的，正是你自己。

我承诺：一旦你学会如何机智地应对焦虑，不再是简简单单地直接作反应，面对焦虑你不仅会变得应对自如，还会收获无限的可能。新体验和新知识将会为你打开新世界，并令你的人生超乎想象的丰富。

不过，在发生任何改变之前，你需要十分清楚自己现在都做了些什么。下一章，我们将学习如何确定你目前用来逃避消极情绪并保持自身安全的策略。

当我们以逃避和抵抗来应对焦虑的时候，等于确认了威胁的存在，焦虑之猴作为焦虑循环和猴子思维模式的中心，也就得到了喂养。

CHAPTER 04

找到焦虑之猴赖以生存的根基

DON'T FEED THE MONKEY MIND

在超市里我们经常会看到，疲惫不堪的父母从货架上抓起一盒动物饼干，想让大吵大闹的三岁孩子安静下来。也许你本人就有过相同的经历。所有途经的路人，包括想要哄好孩子的父母，都知道这么做是徒劳的。也许孩子当时是安静了，但这件事会留给孩子一个印象——**只要我在超市里大吵大闹，就能得到礼物**。

如果我们一边在猴子思维拉警报的时候奖励它，一边却想要它不再发送焦虑信号，这是不现实的。如果你下定决心要从焦虑的困扰当中解脱，那就需要好好检视一番当前有什么样的喂养猴子思维的习惯。抱着进行实验的心态来捋一捋自己的日常生活。你什么时候会感到焦虑？你是如何回应焦虑之猴的行动号令的？

举例来说，如果上班途中遇到堵车，你的驾驶方式会有什么不同吗？如果约会就要迟到了，你会改变进入房间的方式吗？如果某人的意见与你相悖，你会作何反应？

先不要急着改变什么，也不要忙着评判诸事的好坏，只需静静地观察并倾听自己内心的声音就好。一旦识别出自己当前的安全策略，你就向自由迈进了一大步。为什么这么说？因为当你意识到了自己的安全策略是什么，也就相当于发现了猴子思维的套路。这就在你和这小畜生之间拉开了一段距离，帮助你看清楚它是它，你是你。你闪现的每个想法，经历的每种感受，还有察觉的每个动作，都有助于建立一种意识，通向“更高级的自我”——实在没有更好的称谓，权且先这么命名吧。

不要看这个任务指向明确，就觉得很容易完成。我的患者们一开始大都很难发现自己的安全策略，大家可能也会经历同样的困难。安全策略在你的日常生活中已经根深蒂固，在我们的文化中司空见惯，它们很难被发现。但是相信我，一旦你掌握了要领，很快就能探清诸多安全策略的本来面目。如果你可以跟自己的内心坦诚相见，我敢说，你肯定会震惊于自己日常行为中包含着多少焦虑的影子。

那么，我们到底要检视什么呢？当然不是那些让我们远离真正的危险，确保安全的行为。我希望你继续每天刷两次牙，开车上路的时候严格遵守交通规则。以本书的出发点，所谓的“安全策略”，指的是一些**减少焦虑感或者消除被误解的威胁的行为**。如果你高估了威胁，或者低估了自己应付威胁的能力，那么试图消除威胁就是一种安全策略了。

但是，我们常常很难分辨自己的焦虑感究竟源自焦虑之猴的胡思乱想（**哇哇哇！**），还是因为真的需要想办法解决问题。被猴子思维模式绑架之后，我们的判断力就减弱了。不但会高估潜在威胁，还会低估我们应对最坏情况的能力。

为了帮助你确定某个可疑的策略是不是喂养了焦虑之猴，这里有两个标准：

1. 这一策略只能带来暂时的缓解，而且会一再反复。

2. 这一策略会让你偏离自己的目标或价值观。

当你审视一个有问题的策略时，应该想一想：这些行为是在反复吗？安全策略总是一个焦虑循环中的一部分。你是不是为了短暂地从焦虑中解脱出来，而放弃了自己的长远利益或牺牲了个人价值？如果这两个问题的答案都是肯定的，那么你就找到了一个安全策略。

行为和心理策略

安全策略有两种类型。第一种安全策略是“行为安全策略”，也就是那些喂养焦虑之猴的行为。这些行为有的是显而易见的，像是见到陌生人会不舒服，所以就不去参加聚会；有的又很微妙，像是尽管去参加聚会，却不主动跟人聊天，只会被动地等着别人来搭讪。就像我不专心写书去做杂事，埃里克逃避做决定，玛丽娅总是上网查身体病症，还有萨曼莎查儿子的岗等等，都是行为安全策略。

第二种安全策略就不太容易从行为当中察觉出来了，就是那些我们用来控制焦虑的“心理安全策略”。在参加聚会之前演练该如何跟别人对话，或是第二天反复猜测自己在聚会上是不是说了什么蠢话，都属于心理安全策略。

常见的心理安全策略包括在大脑中列清单，这样就不会忘记什么；反复回顾自己的行为，确保没有遗漏重大事项（像关掉炉灶之类）；监测那些自认为与健康有关，甚至会引发恐慌的身体感受。但是，最常见的心理安全策略是担忧。

我知道把担忧当作安全策略是与我们的直觉相悖的。显然担忧不会让我们更有安全感……难道，不是吗？

刚开始写书的时候，我很担心自己的写作技巧，也担心自己的观点是否新鲜、准确。我将高中和大学学的写作技巧拿出来，反复思忖。丈夫总是笑话我的语法和拼写有问题，再加上把自己的想法清楚地表达到纸面上，对我来说一向都很有挑战性。

这些担心能帮我摆脱写不好文章的命运吗？不能。它只不过让我不再体味自己正在承担的风险有多大，想通过担心来解决问题，这样我就不用感受自己究竟有多恐惧了。纠结该怎么写的痛苦总归轻一些，至少比接受自己有可能会写出一本烂书让自己难堪、令所有人失望，要容易得多。

事实上，写书的过程反倒能帮我理清观点，即便这本书不是特别值得一读，我也能继续活下去。这个感觉只不过是被我的猴子思维捕捉到的恐惧，当我担心的时候，这种感觉得到了证实。我越担心，就越合焦虑之猴的胃口。我们共同断定写书是危险的，它可能会让我丧失现有的社会地位。

担忧实在是无所不在，以至于我们几乎察觉不到它的存在。同样的问题我们在脑海中想上一遍又一遍，并不能解决问题，也不能让问题消失。这是我们本能上对猴子思维拉响警报的反应：**出问题了。想想办法！**担心本身就是相应的“办法”。

无论是行为还是心理安全策略，的确都可以在短时间内减缓焦虑，弄清楚这一点至关重要。它们可以让我们远离焦虑之猴所感知到的威胁，以及这种感知引发的焦虑。如果我们对猴子思维所感知到的威胁深信不疑，就没有必要检视安全策略了。那就说明只有威胁真正来临时，我们才会感到焦虑，并自然而然地采取相应策略来保障自身安全。

但是，正是由于我们不能完全听信焦虑之猴的胡乱猜测，而你又被长期的焦虑与压力所困扰，那么检视一番安全策略不就势在必行了吗？你是用什么办法来控制焦虑的？你又是怎样喂养焦虑之猴的？

“我必须要十分确定”的策略

我个人最爱的无法忍受不确定性的例子，同时也是我自己经历最多的，就是过度计划。你是不是也喜欢预先计划好一切？筹备婚礼实在是太耗时了，你是不是连自己的未婚夫长什么样子都忘了？你的度假安排是不是太死板了，所以任何一个无法预见的小事都可以把游玩的兴致败光？又或者是为了完成日程安排，你根本没办法试验任何新的创意？这些策略都是安全策略。

与过度计划并肩而来的是强迫症一般地列清单。我会把需要做的杂事列个单子、把不该忘记的事项列个单子、把旅行要带的东西列个单子、把要咨询医生的事情列个单子，或者把个人时间要怎么安排也列个单子。别忘了还要列个清单，记录所有的清单！

如果清单上还有未完成事项，你就无法安心的话，那就等于没给自己多少开心的机会。不但因为有些事情是很可能完成不了的，而且总有新的清单等你去完成。如果万事万物都得安排妥帖、尽在掌握的话，那么你所能掌握的只能是焦虑而已。

你是不是会过度检查确认所有事情呢？为了预防金融风险，我们实时监控着股票和商业新闻。为了不感到被人遗忘，我们反复刷社交媒体、看自己所支持球队的新闻。这些行为在我们的文化当中是完全可接受的。孩子们到朋友家玩安全吗？再发个信息问问。智能手机的出现满足了我们的需求，只要想联系，随时随地都能确定对方的行踪。但如果你必须做了某件事之后，焦虑才会减轻，那么这个行为就是你的安全策略，你就是通过它来缓解感知到威胁之后的焦虑的。

大脑里的检查确认也算。出门的时候，是不是带齐了所有要用的东西呢？有没有关车库门？你会不会在脑子里面过一遍，才能放心呢？你会不会时刻监控着自己的身体感觉，寻找不对劲的迹象？

上述很多行为的确有效，而且不会引发问题。但如果你是在用上述行为来缓解焦虑，而这个焦虑是因为你高估了潜在威胁或者低估了自己应对威胁的能力造成的，那么这些行为就是你的安全策略了。比如说，被绑在椅子上不得动弹会令你焦虑得不敢坐飞机，那么坐火车就是安全策略。如果你忍受不了火车晚点，那么租车就是安全策略。那遇到恐怖袭击又该怎么办呢？谁也无法预知恐怖分子会在哪里发动袭击。也许因为无法确定，目前最好就不要去旅行了吧。

“我不能犯错”的策略

对于完美主义者来说，不能犯错就会引发诸多焦虑。选大学、选工作、选伴侣乃至选甜点，如果结局不够完美，都算是致命的错误。你的安全策略可能是咨询朋友的意见、推迟决定，或者就甜点而言，观察其他人的选择，然后点同款。如果你在工作中做的每件事都要求必须完美，那安全策略大概会包括重新写报告、反复调研、加班，或者是提前为自己不满意的部分找借口。

当你不能出一点错时，跟人交际就会像穿越雷区一样艰难。不要靠近任何人，还是等着别人来接近自己吧。（当你已经知道对方对自己感兴趣的时候，会更安全。）说话之前先想一想，确保不会被误解。不要问那些听上去很蠢的问题。最好不要在其他人陈述完自己的看法之前就表明自己的观点。**要说祝酒词？开什么玩笑？我还没有时间准备呢！**

就像对确定性的追求一样，对完美的追求可能包括过度计划和列清单。它可能意味着你要在服饰妆容上或打扫房间上花费太多的时间。如果你的屏幕是最大的、厨房布置是最酷的，而且智能手机是最新款的，还有谁能批评你？只要所有的东西都“刚刚好”，你就不会觉得自己“不如人”。

但是犯错是不可避免的。因此，你的安全策略里面一定也包括风险防控措施。在心里回顾你说过或做过的所有可能令人失望或惹人生气的事。然后为自己找理由，先说服自己、再说服别人你的所作所为均事出有因。只要用心去做，一切都是可以解释的。一旦别人明白了你的苦衷，就没有人能责怪你了。

由完美主义引发的安全策略有一个共同的目标：消除感知到的威胁和随之而来的焦虑。如果你能偶尔使用这些策略，而不陷于焦虑循环，那说明它们对你是有帮助的。但对其他人而言，这些策略只能带来暂时的解脱。循环还是会反复，对完美的追求还是会继续。

过度负责的策略

我们的文化当中最根深蒂固的一个认知就是，帮助别人最能给自己带来幸福感。但如果你要背负的责任会损耗自己，像是照料患有慢性病或精神疾病的亲人，你就会明白当你连自己都照顾不好的时候还要照顾他人，实在是苦不堪言的重担，它会让你筋疲力尽。如果你的所作所为出于责任或是害怕令其他人失望，那么照料他人就是安全策略。

也许你的伴侣有一些需要你解决的问题，比如饮食不健康、缺乏运动或滥用药物。除非对方健康快乐，否则你也不会快乐健康。

你是不是工作当中的主力，总是令人信赖？也许你不出马，事情就会变得一团糟，结果你就总是加班，遇到有人生病就去代班。你是不是长期承担着额外的工作，所以变得不可替代？

或者你被困在一段关系中，如果你坚守立场或是划定底线，就会害怕自己的伴侣生气。如果你认为要对伴侣的感受负责任，你需要让对方快乐，为了取悦伴侣，你可能会勉强自己做不喜欢的事，在度假和购物方面处处退让，或者为了满足对方事业的发展而不断地搬家。

有了这种心态，你最终要对每一个人和每件事负责。你的所作所为都是为了哄别人开心，但是却忽略了自己。当关心别人比关心自己更重要时，往往是出于焦虑，而不仅仅是爱。当你为了避免惹得别人不满而答应对方的请求时；当你为了不受冷落而随波逐流时；当你为了不被别人指责自私、缺乏团队精神或者仅仅是为了不得罪人，就承担了自己能力范围以外的任务时，都属于采用安全策略的表现。一旦冒险驳回其他人的请求，你总是试图减

轻相伴而来的负面情绪，而这种情绪对于猴子思维来说属于原始威胁。

这种“需要取悦别人”的心态也可能表现为家长无法给孩子立规矩，又或者是为了不让孩子承担任何痛苦和艰难就帮他们扫清一切障碍。不请自来地给孩子们提建议、刺探他们的隐私，以及不断地查看他们的信息，这些都会让孩子觉得受到了冒犯。而想要取悦父母的心态，可能令你接受自己并不钟情的宗教、参加自己并不热爱的运动、选择自己并不心仪的大学，又或者是困守家乡、无法远行。这些行为表面上看起来似乎是忠诚的表现，但如果你这么做的时候很违心，那它们就一种安全策略，为的是不让自己感到不合群或是格格不入。

当你反思自己与其他人的关系时，有一个很好的问题值得思索——**在这段关系中，我有没有照顾到自己的需求？**如果回答是否定的，又或者你很犹豫，那么你很有可能在试图取悦别人。

如果你好好照顾自己会发生什么？如果答案让你感到害怕，那么说明你已经找到了你一直在喂养的猴子。虽然这种安全策略能让你暂时摆脱焦虑，但它是不可持续的。之后，你会遭遇更多的焦虑，得到更少的个人健康与平和。

常见的安全策略

以下是一些常见的安全策略，我给每一个都贴上了与猴子思维模式相关的代码。

IOU（Intolerance of Uncertainty）= 无法忍受不确定性

P（Perfectionism）= 完美主义

OR（Over–responsibility）= 过度负责

你会发现其中有些问题很明显是你想要改变的，而另外一些看起来既合理又正常。记住，令“正常”行为转化成安全策略的是:（1）只能暂时减缓焦虑并且会一再反复;（2）让你偏离自己的目标并且无法实现梦想。你可以一边阅读这些安全策略，一边辨认一下哪些在自己身上展现过?

行为安全策略

- 反复检查（电器都关了吗，在乎的人都还活着吗，自己有没有犯错误，身体是不是健康，心率是否正常，身体颤抖是否过分，等等）IOU/P/OR
- 一遍又一遍地调整，直到完美为止；反复阅读或改写文章，谨防出错 P
- 为了尽善尽美而耗费过多时间 P
- 整理家务摆放物品或穿衣服的时候，要一遍遍调试，直到感觉合适为止 P
- 会有一些迷信的举动，比如不能踩到裂缝、避开梯子和

黑色的猫、不说过分肯定的话，经过墓地的时候，会下意识地保护自己和身旁的人 IOU/OR

- 常对自己说一些诸如“开车要小心”之类的话 IOU/OR
- 从网上或者医生那里寻求咨询 IOU
- 多次重复问题或陈述，以确保对方理解你的意思或你理解该怎么做 IOU/OR
- 频繁地清洗或打扫卫生，认为这样做自己或他人就不会生病 IOU/OR
- 列过多的清单或制定过多的计划 IOU/P
- 拒绝别人的时候总要找个借口 OR
- 为自己或者自己的言行进行辩解、辩护 P/OR
- 对一些事情过度解释 P/OR
- 把他人的需求放在自己的需求之上 OR
- 拖延 P
- 隐藏自己的焦虑迹象，比如易脸红的人穿高领毛衣或化妆来掩饰自己 P

- 避免主动开口 IOU/P/OR
- 认真考虑之后才开口说话 P
- 避免问问题 P
- 避免在会议上发言 P
- 避免成为众人的焦点 P
- 避免旅行，避免乘坐飞机或火车 IOU
- 避免那些让你感觉被困的情况，比如乘车、坐在电影院里，或寻找逃生通道 IOU
- 出门一定带手机 IOU
- 避免说不 OR
- 指出他人（配偶或孩子）的错误 OR
- 想要帮别人解决问题 OR
- 从不给他人设限，无论孩子、配偶，还是同事 OR
- 避免为自己花时间（诸如健身、做瑜伽、看医生等）OR
- 避免自己做决定 IOU/P

- 作出决定之后总要寻求他人佐证 IOU/P

- 避免提出他人可能会反对的观点 P/OR

心理安全策略

- 回顾自己的经历和所言所行 IOU/P

- 在心中列行事清单 IOU/P

- 监控身体感觉，分析哪里出了问题或者自己会有某种感觉的原因 IOU

- 一直担心，试图在大脑中厘清问题，找到解决问题的方案，并在心中反复演练

- 试图记住所有重要的事 IOU/OR

- 在心里检查是不是办妥了某些事，诸如关掉炉灶之类的 IOU/P

在此，我还想特别指出另外两种安全策略。第一种在我们的文化当中实在太过普遍加根深蒂固，想要穷尽它的所有表现形式

简直要写上好几本书才行。只要日常生活中遇上焦虑事件，大家就会默认采取这个策略。

分散注意力

分散注意力本身并没有什么问题。比如，缝纫、摄影或弹吉他之类的爱好可以帮你从日常生活的正常压力中获得解脱。至于电子邮件、短信、新闻轰炸以及社交媒体肆虐、电子游戏和电影这些日夜博取大众关注的内容，也与上述爱好没有什么区别。

分散注意力的行为如果是用来应对潜在威胁的，就会演变为耗费心力的安全策略。而潜在威胁可能会以某个想法、某种负面情绪、某种情况的形式出现。

玛丽娅担心头疼是动脉瘤引起的，而这个念头十分消耗她的心神。在她还没有监控这种身体感受，也没在网上搜索症状的时候，就会想办法分散注意力。看书或看电视通常都能暂时起作用。但是，除非不再头疼，否则怀疑自己得了动脉瘤的念头总会不可避免地再度浮现，而且这个念头不会随着时间的推移而淡忘。试图以分散注意力的方式让自己不再想这个问题，实际上反而确认了这个念头是危险的，而且认为它足以成为一个威胁。最终，转移注意力反而喂养了焦虑之猴。

面对一个让自己焦虑的决定或项目，埃里克拖延了。他以回邮件、打电话的方式来分散注意力。当已经作了某个决定或是启动了某个项目之后，他会通过提大量要求的方式，试图回避自己所感到的焦虑。分散注意力其实是在给猴子思维发送一个讯息，就是那个它所感知到的威胁是真实的，而且实在让人难以承受。

萨曼莎想到儿子的时候，不但感到焦虑，还特别悲伤。她发现，如果她一直忙碌，这些情绪就不会那么让她感到痛苦，所以她经常把工作带回家，或者没完没了地打扫、整理房间和院子。这些行为，顶多在她做这些事的当下有用。一旦停下来，那些令人痛苦的感觉就会再度袭来。萨曼莎所有分散注意力的行为都在向猴子思维发送着一个明确的讯息：这些感觉本身是危险的，是她无法控制的。

即便是看似无害的小事，像我那样修个指甲或做做家务，当被用来分散我坐在笔记本电脑前的焦虑时，也会成为安全策略。这些行为共同确认了坐下来写作是危险的。当我们通过分散注意力来逃避自己所感知到的威胁时，无论这威胁是源于某个想法、某种感受或是某一状况，都会令你付出不菲的代价。它不但会在未来继续引发焦虑，而且也让我们无法遵循内心的意愿。

下面是一些常见的分散注意力的安全策略，你使用了哪些来喂养自己的焦虑之猴呢？

- 关注媒体，诸如看电视、玩电子游戏、上网搜索、查收电子邮件
- 无论在家还是在工作中，一直让自己保持忙碌的状态
- 忙于跟他人交谈，无论是面对面，还是通过短信或社交媒体
- 忙于自己的爱好

我想特别指出的第二种安全策略，跟担忧和分散注意力一样，它通常也不会被当作安全策略来看待。

试图放松

当你感受到的威胁正是焦虑本身时，那么相应的安全策略就是想办法让自己放松下来。尽管试图进入放松的状态可能会令焦

虑持续而非减弱，这听上去很荒谬，但不幸的是，往往这就是事实。

正如我在第一章所说，猴子思维监视着你大脑和身体的所有感觉，不但是你从外部世界感知到的一切，还有你内心的想法和感受。当你在一段时间内持续地或高频率地感到令自己焦虑的念头和负面情绪，就像惊恐发作的时候一样，你的猴子思维也会注意到这一点，并且误以为那是个威胁。也许你会把这种对焦虑的焦虑当作失控、当作发疯，或是干脆当作死掉一样。你的反应是什么？*我需要放松才能摆脱这种吓人的感觉*。

在引言当中，我描述了自己惊恐发作的经历，并且详细阐述了为什么我的治疗师建议的那些放松练习并没有缓解我的恐慌症状。我们没有意识到，试图逃避焦虑的感受，哪怕是在惊恐发作时所经历的心跳加速、头晕、胸闷、刺痛或麻痹、恶心、脸红、出汗或发抖等令人极度不适的感觉，都只会证实这些症状是危险的。

我并不是反对大家放松。放松对我们的身心健康来说至关重要。但如果你是因为害怕焦虑本身并把焦虑的感受视为一种威胁而试图放松的话，那么放松就沦为安全策略了。它之所以是个问题，是因为你的做法实际上滋养了猴子思维。如果你试图通过强化的方式来削弱某个东西，那就把自己困住了，并且只能作困兽之斗。

我们放松的方式因人而异，有可能是泡澡、徒步、喝酒、看电影、跟朋友聊天、看书或是冥想。行为本身并没有其背后的动机以及这些行为向焦虑之猴所传递的信息那么重要。如果放松是

为了减少或逃避焦虑的想法和感受的话，那么你所传递的信息就是——你说得对，小猴子，感到焦虑是很危险的，谢谢你提醒我该放松一下了。然而，你越试图放松，就越放松不得。

下面是一些常见的用以放松的行为，它们本身可能是无害的，但是当它们被用来抵御负面情绪和不舒服的身体感受时，它们就是安全策略。哪一条让你中招了呢？

- 分散自己的注意力以图放松
- 使用酒精、处方药及非处方药等
- 跟自己觉得安全的人在一起
- 使用放松技巧
- 冥想
- 运动

在接下来的一周，记录一下你每天都使用了哪些安全策略。你越细究自己的思想和行为，就越有可能发现焦虑之猴的踪迹，也就更明白自己对这个小畜生的感受。记录列表不可避免地会变得越来越长，问题可能会慢慢浮出水面。为了换取片刻的安全、暂时逃离消极情绪的重负，你甘愿把自己人生中多少主导权交给焦虑之猴呢？

你付出的代价是巨大的。如果遇到新问题时，你不把考量自己能够承受多大风险的决定权收回来，那么焦虑之猴就会继续为你做决定。你的生活仍然会陷于安全策略的黑洞之中，有下述事件为证。

“非典”和埃博拉肆虐期间，很多人害怕会从接触过的东西中感染上病毒。每次我们用除菌香皂洗手的时候，就等于确认了这个潜在威胁的存在，也就是在对猴子思维说——你说得对，接触任何物品都很危险！由于“必须要百分百确定”的思维模式和安全策略作祟，除菌香皂的销量急速飞升。

事实上，这些疾病主要是通过近距离呼吸道飞沫及密切接触传播，对触摸物品就会患病的恐惧是大家的误解，疫情结束之后，我们大多数人会恢复到从前的洗手次数，用的也还是以前的普通香皂。但有些人却落入了一个怪圈，如果没有除菌皂就会焦虑，或者在触碰物品之前就要采取防护措施。洗完手之后，怎样才能在不再次污染双手的情况下把水龙头关掉呢？用胳膊肘？那公共洗手间的门呢？你愿意用手开门吗？还是垫个纸巾吧。

焦虑循环影响的夸张程度，实在是个无底洞。我有一些强迫症患者甚至会用漂白剂洗手。这绝对已经成问题了。那么，要如何断定哪些安全策略对你有效，哪些对你不利呢？准备好了吗，让我们来分辨分辨吧。

我对于挖掘安全策略的热爱，实在是无法言喻。无论是在诊疗过程中通过患者的眼睛来发现，还是在自己的生活中探究，反正对大家如何喂养焦虑之猴进行辨析，是我乐此不疲的爱好。对我来说，没什么比揪住这个小猴子的尾巴并找到究竟是什么行为

令我们持续焦虑更令人带劲、更兴奋的了。一旦弄清楚究竟是什么引发痛苦，我们就获得了改变的力量！

你当前的思维方式和行为模式正是用来护你周全的。然而更广阔的生活正在召唤我们。你想要更多，你也值得享有更丰富的人生。下一章我们一起来看看，一旦我们不再采用安全策略喂养焦虑之猴的时候会发生什么。你不但能够截断焦虑循环，还能开启新的旅程！

我们整天都在以安全策略喂养焦虑之猴，而安全策略就是那些使我们从焦虑之猴所感知到的威胁及其敲响的安全警报中暂时解脱出来、感到安全的行为。

CHAPTER 05

当你不再喂养那只小猴子

DON'T FEED THE MONKEY MIND

人类历史上相当长的一段时间里，大多数人认为地球是平的，而且一旦走到世界尽头就会坠落下去。当然，从来没有人走到过世界的尽头。这种对威胁的感知源自集体猴子思维的积聚，源于“你不了解的东西可能会置你于死地”这一大宗旨。

船长们普遍认同的理念是“如果真有世界尽头，我定不能扬帆远航”。他们选择的策略是紧贴岸边行驶。当欧洲人想要到东方

去的时候，他们一路沿着非洲海岸线向东航行。每一次远航的船又沿着海岸线返回了，这个对威胁的感知就得到了确认。集体的猴子逻辑得出的结论是“因为你一直紧靠海岸线航行，你才得以安全返航。”

我们每个人面前都有一片充满可能性、值得探索的汪洋，也就是我们要面对的余生。如果对焦虑之猴的妥协令你始终沿着海岸航行，那么你的选择就很明白了。焦虑循环如果得以继续，那么你的选择会变得非常有限。打破这个循环，扩展你的世界吧。在那个无限扩展的世界里，一切皆有可能。用苏斯博士的话来说，就是“**噢，那些新地方啊，任你去探寻！**”

打破循环

打破焦虑循环的第一步是转变猴子思维模式。诸如“我必须百分百确定”“我必须要完美”“我对所有事和所有人都有责任”这些念头就需要转变成“我愿意面对不确定性”“我可以犯错”和“我要对自己负责”。

当然啦，说起来容易做起来难。和大家一样，我也曾经尝试过改变自己的想法，而且我很清楚坚持下来有多难。在心理咨询师办公室这个圣殿当中、在山顶冥想的时候以及读自助疗愈书籍的时候，下决心要以新的思维模式生活是很容易的。但是将新的思维模式保持下来就是另一回事了。任何新鲜事物都会令猴子思维感知到威胁，我们会被焦虑重重击倒，我们的决心就会被粉碎。

从你出生到现在一直在滋养并加强当前的思维模式。任何新的思维模式如果没有一个新的、更为完整广阔的循环来加以巩固的话，那时效大概也就跟一闪而逝的新年愿望没什么差别。

在我的实践中，无论是专业的还是个人的，我都发现，如果要让新的思维模式习惯成自然，就要以新的经验来填充加固。经验习得可以在大脑中刺激出新的行为路径，再加上额外的新经验辅助，就等于跑上了高速公路一般。除了“直接去做”，并无他法。你可能梦想着去跑马拉松，但如果不好好跑上几公里的话，你不会真的相信自己有能力办到。

那么，我们怎样才能获取新的经验来巩固新的、拓展性的思维模式呢？那就是，不要再喂养焦虑之猴了！当我们以拓展性的思维模式代替原有的安全策略时，也就打破了焦虑循环，并且催生出新的事物。能够令我们人生拓展的策略，也就是拓展性策略，不是为了减少焦虑，而是为了克服焦虑：扳倒焦虑之猴的王牌。

拓展性策略正是打破焦虑循环的强劲力量。拓展性策略使你得以用新的经验来抵御猴子思维的感知并巩固新的思维模式。此外，建立或加固新的拓展性循环的策略，还能教你如何战胜焦虑，最终会让你感到不那么焦虑。

拓展性策略很容易找到，只要按照安全策略反向操作，通常就没问题了。例如，内向者很喜欢在社交场合使用的安全策略，就是待着不动、等其他人主动来找自己交谈。这个策略能确保自己交谈的对象都是对自己感兴趣的，因此自己不太可能会被拒绝。每当别人采取主动的时候，你就不会被拒绝，你的焦虑之猴得到喂养，而且整个焦虑循环得到了巩固。

要打破这个循环，你在社交聚会上的新策略可能就是简单地接近某人，说声“你好”。你可以问她一些关于她的问题，或者分享一些关于你的事情。你需要变得聪明风趣，成为聚会上的焦点吗？不！那就正中靶心了。只要开始行动，就已经成功了，已经渐渐接近目标了。

要注意，如果你带着原有的思维模式却要使用新的策略，像是我得听起来很自信、不能流露任何焦虑的征兆，也就是说必须要表现得完美，那么你就没有办法进步。你必须创造一种开阔的心态来搭配拓展性策略。诸如，**偶尔听上去有些无聊或愚蠢也没**

问题，我不需要正中靶心，我只需要瞄准目标。

你当真会这么想吗？目前恐怕不会。你已经以完美主义者的猴子思维模式思考了大半生，说不定已经持续了一生。你可以采用一种看上去更加有道理的思维模式，即使你还不相信它。园丁只要辛勤灌溉和除草，总会看到种子发芽、枝繁叶茂的一天。同样的道理，当你坚持使用拓展性策略，总有一天你会打心底里相信这个新的思维模式。

拓展性思维模式和策略的好处在于可以维持拓展性循环。不必每次都击中靶心，就可以令你向着目标前进，而你的前进方向是没有限度的。外面世界大着呢！

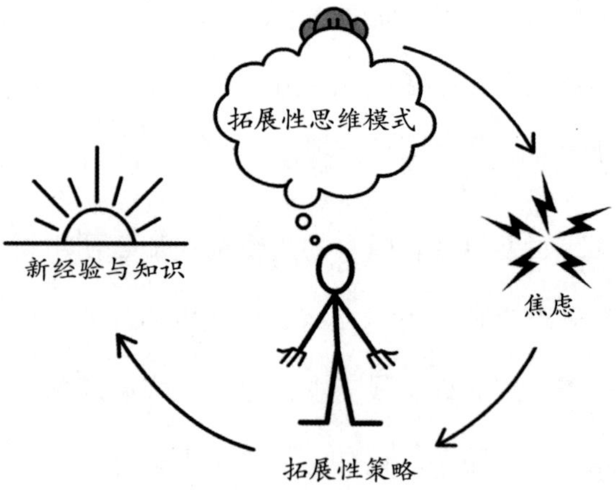

当然，想要拥抱更广阔的世界意味着你要面对更大的焦虑。如果你现在已经感到焦虑了，那很好！这意味着你在接近目标了。没错，当你放弃一项安全策略，代之以拓展性策略时，你会变得更加焦虑。但是在短期内，变得更加焦虑正是你所需要的。你是在以这样的方式来反抗猴子思维，你在对它说“我愿意不完美”。你怀疑它所感知到的威胁，而这一点猴子思维肯定注意得到，因为这意味着焦虑之猴没有香蕉吃了！

当你反复这么做的时候，焦虑警报就会渐渐减少，你在社交场合中变得更自在。你也将学会如何面对偶尔被人拒绝的场面，这也将会令你的抵抗力增强。

尽管这一切听起来颇具挑战性，但请放心，即便是我那些最严重的患者，最终都实现了对自身安全策略的改变。所以，你也可以。在下一章，我将更详尽地介绍在转变过程中要如何面对焦虑。现在，我想向你介绍一些常见的拓展性思维模式和策略，以及它们是如何运作的。

我们可以得到的经验法则就是，拓展性思维模式和策略大多数时候与你一直以来的想法和行为背道而驰。你一直在打安全牌，现在你要自找麻烦了。我们从玛丽娅的案例开始，慢慢阐释这个问题。

超越确定性

玛丽娅最显而易见的一个安全策略就是在网上搜索某些身体感受是否属于某种重大疾病的征兆。经过几番讨论，她决定启动一个拓展性策略，那就是她要坚持在一周内不上网搜索任何病症相关信息。

玛丽娅常用的另一个安全策略是反复询问她的丈夫，以便求得安慰。她丈夫并不是医生，但是通过他有礼有节的陈述，她会从恐惧当中得到暂时的解脱。针对这一安全策略，她选择的拓展性策略就是不再向丈夫描述自己任何身体感受。

玛丽娅还考虑一并放弃其他的一些安全策略，比如觉得自己没有准备好面对结果，就不给医生打电话询问体检结果。这一点非常好。从小处着手是明智的，你会发现随着时间的推移，你可以处理更大的挑战。每当我的患者为自己设定了清晰而实际的目标之后，他们就不会那么不知所措了。

玛丽娅在选择策略时表现得雄心勃勃。我仔细地和她一起检视，每当她注意到任何迹象，比如头痛，她就会使用拓展性思维模式，就是“我选择忍受不确定性”。

记住，思维模式和行为策略是相辅相成的。你的思维模式决定了你的行为策略，你的行为策略会影响你的思维模式。如果思维模式或行为策略任何一方指向“安全”，你就无法打破焦虑循环。如果玛丽娅还保持着猴子思维模式来进行拓展性训练，紧抓着“我必须要百分百确定”这个念头，那么练习注定会失败。

尽管玛丽娅的焦虑问题很严重，但是她面临的挑战并不是独一无二的。每个有着不能忍受不确定性思维模式的人，在面临未知情况时都会认为自己有危险。在被证明自己是安全的之前，根本没有办法放松。

手机诞生之后，许多人养成了一种习惯，我称之为“手机依赖症”。我们会对爱人说“到了以后给我打电话”，如果对方没有在预期的时间给我们打电话，我们就会紧张起来，马上给对方打过去。尽管这样一来我们可能会在短期内不再焦虑，但却喂养了焦虑之猴，对于不确定性我们还是无法忍受。

如果你的家人要去玩滑翔伞，那么打电话询问情况是很正常的举动，但如果你发现自己发短信和打电话的频率越来越高，而且不这样做的话就变得很焦虑，那么限制使用电话次数的策略可能是必要的。

无论你是像玛丽娅一样过度检查自身的健康状况，还是对其他人安全与否不停追踪，只要改变猴子的思维定式就行了。忍受不确定性，并只在面临明确的危险信号时才进行确认。最终通过大量练习，你会感到从容自如，即便你并不清楚将来会有什么事情发生。

你是否试图以过度谨慎和周全准备的策略来控制结果？有趣的是，这种方法仍然令我们感到焦虑。因为这样的做法，喂养了焦虑之猴。改变策略，制定更有弹性的计划，采取最低程度的预防措施。例如，当你下一次去旅行的时候，无论是去公园野餐还是出国度假，少做计划，轻装简行。面对不顺心的情况，将其作为锻炼应变能力和创造性解决问题的机会。新的拓展性思维模式大概是这样的——我选择不把每个细节都计划清楚。*我选择不一定要知道所有事情的发展脉络。我选择不确定性和随机应变。*

下面是“我必须要十分肯定”的猴子思维模式及对应的拓展性思维模式。

猴子思维模式：我不了解的东西可能会害死我。我必须预测并安排好如何解决有可能出现的问题。

拓展性思维模式：活在当下比花时间预测未来更重要。

猴子思维模式：我必须确定我和我所爱的人是安全的。

拓展性思维模式：没有明确的危险讯号，那我就当大家都是安全的。

猴子思维模式：如果事情没有按计划进行，这一天就全毁了。

拓展性思维模式：练习随机应变的能力，学着在事情不如意的时候灵活应对，反而更重要。

猴子思维模式：如果不小心翼翼，可能就会有坏事发生。

拓展性思维模式：我可以采用合理的预防手段，但我知道我可以影响但不能控制结果。

为了帮你把自己的思维模式转变得更具拓展性，请参见附录4“无法忍受不确定性思维模式拓展表”。

超越完美

埃里克在工作中最常用的安全策略就是，在确定不会受到非议的情况下，拖延工作进度或不做最后决定。埃里克习惯了“我不能犯错”的思维模式，任何没有获得全员认可的决定，对他来说都算是全然失败。尽管并不确定该如何实现完全的改变，埃里克还是决定先进行为期一周的实验，给自己正要做的决定设置一个精确的完成期限。他选择了一个尽管很有压力，但是就算出错也不会对其他人造成过多负面影响的事情来启动他的改变之旅。他向自己承诺，在预定时间来临时，无论自己是否做好了准备，都要作出决定。

埃里克也想对自己在社交上的完美主义做些改变。他对自己的体形和内向的性格感到自卑，竭力避免一切会让自己暴露于他人评判之下的情况。他陷入了孤独的循环。埃里克决定采取一个新的策略：接受所有邀请、接纳所有机会来跟其他人相处。他的同事们每周四中午都会聚餐，之前他从来不参与，于是他把这个聚餐添加到了新

一周的日程安排表上。

我们知道，除非埃里克自愿意承担犯错的风险，也就是有可能被人当成失败者，否则他不会给自己设定精确的截止日期或参与社交活动。对于那些有着完美主义猴子思维模式的人来说，害怕失败是他们为人处世的最主要动机。他们不会把犯错看作人之常情，而是当成个人的缺点。如果某件事做得很糟糕，那就说明自己一点价值都没有，跟谁比都“低人一等”。埃里克需要拓展性思维模式来支持他的新策略。

完美主义者的拓展性思维模式应该是什么样的？你也许会说，那就是**可以犯错并且允许别人评断和批评，而这一切都是合理范围内的风险，也是令人成长的机会**。

又或者，如埃里克走出办公室的时候简单总结的那句话，**我愿意搞砸**。

以下是“我不能犯错”思维模式的一些例子，以及相应的用以替代猴子思维模式的拓展性思维模式。

猴子思维模式：错误、评断和批评都是我不够好的标志，我比不上其他人，或者说我失败了。

拓展性思维模式：错误、评断和批评都是我敢于冒险的标志，也是我成长的机会。

猴子思维模式：只有事情办得不错，我才会感觉自己不错（有条件的自我接纳）。

拓展性思维模式：我知道自己有的事情做得好，有些事情做不好，但是好与不好并不能反映出我作为一个人的真正价值（无条件的自我接纳）。

猴子思维模式：对于失败的恐惧是我的动力。

拓展性思维模式：杰出、创意和目标是我的动力。

猴子思维模式：不完美、容易犯错是差劲的标志。

拓展性思维模式：不完美和犯错都是人性的一部分。

猴子思维模式：如果别人在某件事上比我强，那就说明我不够好。

拓展性思维模式：做最好的自己，比拿别人的成就来衡量自己更重要。

参见附录 5“完美主义思维模式拓展表”，帮助你将完美主义者思维模式转变成拓展性的思维模式。

超越过度责任

萨曼莎的主要安全策略是给酗酒的儿子打电话问情况。对此，她需要采用的拓展性策略很简单：**不再打电话查岗**。

为了贯彻这个计划，萨曼莎需要改变固有的思维模式。她一直觉得，如果儿子出事，她却没有设法避免的话，那就是她的错。她的新想法是“我并不能阻止儿子伤害自己”。

当然，这对萨曼莎来说是一个挑战，作为母亲，这其中的利害关系不言而喻。如果不给儿子打电话而真的出事了，她要背负的痛苦和愧疚将是巨大的。但是萨曼莎目前的思维模式和安全策略都严重影响了她的身心健康，她知道自己必须改变。

我们一起想出了一个她可以尝试的拓展性策略：每天最多给儿子打一次电话。这在我们看似乎没什么了不起，但是对萨曼莎来说却是个不小的挑战。她之前的习惯是每天要给儿子打电话或发短信三四次。

即便这个能够坚持下来，她可能还要面临其他挑战。如果儿子给她打电话要借钱周转周转，反正他也常常这样做，该怎么办呢？萨曼莎决定付钱给儿子去戒酒可以，但是不再他要就给他钱。尽管这听起来冷酷无情，但她知道，从长远来看，过度负责的思维模式和安全策略对他们母子俩没有任何好处。但是她也知道如果不给儿子钱，他会很生气，这对萨曼莎来说也是个挑战。每当有人对萨曼莎不满时，她的猴子思维模式就会让她承担责任。

经过深思熟虑，萨曼莎决定两种拓展性策略都要尝试。这将支持她为自己设想的一种拓展性思维模式，也就是“我对自己的

行为负责，但不需要对其他人的行为负责，如果有人对我生气，并不意味着我做错了事。我无须对其他人的情绪负责。”

对于那些具有过度负责思维模式的人来说，拓展性策略听起来可能有些自私，尤其是在一个重视忠诚和家庭的文化里。但是为自己的健康和幸福负责并不是自私，实际上，这是我们的首要职责。在飞行当中遇到紧急情况，你应该先给自己带上氧气面罩，再帮孩子戴，而这么做是有原因的。如果你自己心衰气竭，将无法帮助你爱的人，即使他们真的需要你的帮助，并且值得你去帮助。

过度负责的思维模式还有可能让我们陷入其他陷阱，包括当别人作出不尽人意的选择时直言不讳地指出来，承担没有人愿意承担的任务，以及没办法跟不尊重自己或占自己便宜的人言明自己的底线。虽然你采取的安全策略会让你在短期内感觉好一些，但你不能通过继续使用它们来让你获得成长。

坚持为自己负责的策略，将会增强一种更健康、更具持续性的思维模式，这种思维模式将会帮助你培养健康与平和的内心，不管别人在做什么。当你不再试图控制别人，而是给予他们同情时，他们会感觉到不同。随着时间的推移，他们就更有可能接受你提供的帮助。

下面是过度负责的猴子思维的一些常见模式，及其相应的拓展性思维模式。

猴子思维模式：如果我在乎的人没有做出正确的选择，我有责任做点什么。如果我不这样做，我要对后果负部分责任。

拓展性思维模式：我认为人人都应该为自己的生活和选择负责，他们的行为产生的不良后果不是我的错。

猴子思维模式：向他人说明自己的底线或者声明自己的偏好时，觉得自己应该对对方的感受负责。

拓展性思维模式：向他人说明自己的底线或者声明自己的偏好时，我可以对别人的感受很敏感，但并不认为需要对他们负责。

猴子思维模式：如果其他人不把分内的工作完成，那我就应该收拾烂摊子。

拓展性思维模式：如果其他人不把分内的工作完成，我没有义务挺身而出。我接受他人的作为和不作为所引发的一切后果。

猴子思维模式：我倾向于把其他人的需求放在自己的需求之上。

拓展性思维模式：我认为照顾自己跟照顾其他人一样重要，甚至更重要。

猴子思维模式：如果其他人感到痛苦，我会很难过，并试图帮他们解决问题，或者指出他们错在哪。

拓展性思维模式：如果其他人感到痛苦，我可以充满同情地倾听对方的感受，但是我的工作不是去解决他们的问题。

参见附录 6“过度负责思维模式拓展表”，评估你当前的思维模式在多大程度上呈现过度负责的倾向，并了解如何把这种模式转化成拓展性的思维模式。

一个更大的世界

选择拓展性策略并放弃安全策略的首要动因就是，它打破了焦虑的循环。当你停止喂养猴子，就是在向猴子表明你能应对当前的局面，没有必要为此拉警报。经过一段时间之后，猴子思维就会明白那个局面对你没有威胁，无须再拉响警报。

使用拓展型策略的另一个动因与首要动因一样重要。拓展型策略会带来新的体验，这些体验将会改变你的思维定式。你的思维越开阔，你就能更好地解决一切问题。你会更有信心地去面对陌生的人、陌生的地方以及陌生事物。你的思路也会变得开阔，你的世界格局将会因此扩大。

想象一下，无论在计划如期推进还是遇到困难的时候，如果你都能发自肺腑地相信自己可以处理好，如果你不需要百分之百确定后才采取行动，如果你不需要为他人面临的困难负责，那么世界将会变成什么模样！

如果到目前为止你一直认同本书的观点，那就太好了！你能明白自己的行为是如何强化了一种思维模式，而这种模式非但对你没有任何帮助，实际上正是使你不断焦虑的源泉。有了这个新发现，你就有能力打破焦虑之猴多年建立起来的一个对你毫无益处的体系。而你将拥有更广阔的新天地，天空都不能成为你发展的极限。

读到这里，你有没有听到心底传来叽叽喳喳和大吼大叫的声音？焦虑之猴并没有放弃自己的使命，它仍然想要确保凡事都能百分之百的安全。下一章，我们将看到焦虑之猴使用了哪些威力无穷的法宝来达成自己的使命，以及你必须运用哪些同样无坚不摧的手段去战胜焦虑之猴。

为了支持让我们茁壮成长的思维模式，我们必须创造新的体验，学习用拓展性策略替代安全性策略。

CHAPTER 06

如何应对消极情绪

DON'T FEED THE MONKEY MIND

在即将进入大二暑假前的一个早上，一个名叫朱莉的女孩从痛苦中醒来。朱莉的关节和四肢都在作痛，她以为自己得了流感，就把被子拉过头顶、赖在床上。但是疼痛持续了几天都没有消退，她渐渐开始担心了。垒球赛季就要开始了，尽管朱莉是队里最厉害的游击手，但她却没有什么投入比赛的兴致。朱莉躺在床上，感到那种神秘的疼痛在她的四肢间涌动。

朱莉最终预约了医生，当她穿衣服出门的时候发现牛仔裤似乎有些缩水。一小时之后，诊断结果出来了，是生长痛。尽管有些极端，但她的情况是完全正常的。除了忍过劲儿，别无他法。那年夏天，朱莉除了晚上睡觉的时候，都没有再赖在床上。尽管不适始终存在，她仍然坚持打垒球、参加夏令营、去约会并进行其他一切夏日里的日常活动，对疼痛没有任何抱怨。在秋天朱莉带着一整柜的新衣服回到学校。这是必需的，因为她一个暑假整整长高了10厘米！

我对这个故事特别感兴趣的是，朱莉对疼痛的态度是如何在她理解了疼痛缘由之后发生变化的。她对于莫名疼痛的第一反应是赖在床上、避免进行任何活动。当她明白了疼痛的缘由，即这种疼痛是长高的先兆，就作出了不同的反应。明白了这种疼痛是必须要经受的之后，她对疼痛的抗拒情绪瞬间消散了。

你会发觉自己的拓展性练习也会伴随着成长痛。这些负面情绪以两种形式呈现：（1）诸多不舒服的战斗或逃跑反应的感受，诸如心跳加速、掌心冒汗或胃痉挛；（2）一系列痛苦的情绪，像是焦虑、挫败和伤心。所有类型的感受都是焦虑之猴在召令你采取行动。如果你不再对焦虑之猴的召令做出反应，它会带来更多同样的不适，就像火警警报一样难以被忽视。

为了自身的成长，你必须无视它的行动号令，用短期内会引发更多负面情绪的新策略来替代你的安全策略。消极情绪，就是那些令我们感到最为难受、最有挑战性的情绪，是我们成长过程中必须要处理的情绪。这就是为什么我喜欢把消极情绪看作是必要的情绪。如果你想将自己的生活拓展到焦虑之猴所圈定的安全范围之外，那么你有必要去感受它们，而不是试图分散你的注意力或把它们藏起来。

当我们选择接受消极情绪是不可避免的，仅仅是我们成长过程的一部分时，三个令人惊喜的变化就会出现：

- 我们学会了如何掌控这些情绪。
- 我们否认了焦虑之猴对威胁的感知，训练它学会认识我们其实是可以处理这些局面的。
- 我们让自己有目的地行动，不再让焦虑支配我们的行动。

这是我向你提出的挑战：以新的反应来面对这些必要的感受和情绪。与其把它们当作出现问题的警报或是行动召令，不如接受他们，将他们视之为某种可以容忍的东西，就当是焦虑之猴在乱发脾气。这样的反应将会增强你的韧性，允许新的人生和学习经历的可能，从而充实拓展性思维模式，让自己能够遵从内心的声音。

放任自流

对我们许多人来说，刻意去感受消极情绪的想法与我们的经验和思维模式大相径庭，听上去很荒谬。我们有理由问：如果我放任自己去直面这些消极情绪，它们最终会消散吗？

这是令它们消散的唯一方式。当我们允许自己简简单单去感受，而不去回应焦虑之猴的召唤去做一些事情时，那些情绪就会自生自灭。所有的感觉和情绪，包括那些令我们无法承受的感觉和情绪，都会经历起始、发展和终结。它们会如雷暴一样，终将平息。最后，乌云退去，阳光依然会洒满大地。

就像自然界的大多数情况一样，天气是我们无法直接控制的。因为知道它终将产生变化，历史一遍又一遍地证实了这一点，所

以我们接受了坏天气存在的必然性，从而跨越了坏天气所设置的阻碍。由此可见，只要我们对感受和情绪也抱着同样的信念，坚信它们终将自生自灭，也坚信我们自己并不需要掌控它们的去向，就万事大吉了。

由于安全行为策略能够带来快捷、可靠的安慰，让我们产生能够掌控的错觉。我们认为：只要自己做些改变，就不用再面临这种情绪了。我们的文化重视意志力和对结果的掌控，所以长期浸染于此令我们不免产生上述判断。

正如本书所揭示的，也正如你在生活中经历过的那样，做些改变只能带来暂时的纾解，并将我们困住、循环往复。试图掌控必要的情感正是令其持续不散的根源。俗话说得好，我们抵抗的东西会一直存在。然而我们还是紧紧抓住这种虚幻的掌控感不放，因为另一个选择只剩下直面痛苦，它实在是与我们的本能太过相悖，并且无法带来任何短期回报。

焦虑是由不得我们的，所以我们需要配合它的节奏。我们需要对焦虑做出新的反应。敞开心扉，欢迎一切情绪和感受。顺其自然吧，尽管这会很困难，但是只要多多练习，自然会熟能生巧。我和患者将之称为“对于感受消极情绪驾轻就熟”。

我们允许自己接受的必要的感觉越多，我们对它们的适应能力就越强。对焦虑的忍耐程度越高，就越能从焦虑之猴源源不断的行动召令中解脱出来。如果你像在暴风雨来临前关上窗户一样，把身体封闭起来，不让自己受到情绪的影响，就不会产生这种宽容。你需要敞开心扉，感受你所需要的一切，放弃全权掌控的欲望，以此增强韧性。

要不是我们身边有两样绝佳的武器，这个任务照样还是跟听上去那样不可行。这些办法是有悖本能的，因为它们似乎与你所需要的正相反，但是在数次实践中我发现，它们能够极为有效地帮助我们把消极感受和情绪代谢掉。增强韧性的首要工具也正是应对焦虑的基础之道，也是你遇到任何问题都可以首先考虑的应对手段。

“欢迎光临”呼吸法

下回你发现自己感到焦虑的时候，停下来，注意自己哪里感觉最不舒服。是胸口还是胃部？你是觉得头疼还是心悸？一旦你找到了不舒服的地方，开始有意识地将呼吸贯注到那个部位。想象以一股清新的治愈之风吹抚舒缓不适。这就是“欢迎光临”呼吸法，也是实践新的拓展性思维模式的有效途径。

继续怀抱着迎接的态度而不是抗拒的心来呼吸。每一次吸气都为这一不适感提供了存在的空间。每一次呼气都放掉一些你依依不舍的掌控欲。经常提醒自己这种感觉是必要的，只要它出现，我就欢迎它。

“欢迎光临”呼吸法起初会令你感到尴尬。如果不经过刻意训练，我们通常都只是用肺部的一小部分浅呼吸。但请你大胆尝试去深呼吸吧，尽管你并没有进行什么消耗体力的活动。多吸收吸收氧气总没有坏处。

只要你保持“欢迎光临”呼吸法，就会发现自己的感受发生了变化。它们可能加强了，也可能减弱了，还可能转移到你身体的其他部位。伴随他们而来的可能还有其他感觉。如果新的感觉出现，也要敞开欢迎。无论出现怎样的感受，只要持续呼吸并保持欢迎的态度，允许这些感受存在、变化、消失甚至重新袭来。

为此你需要敞开整个身体来迎接一切的可能。无论是站、是坐还是躺，都要保持背部挺直以获取最大限度的肺活量。要给这些感受以充足的空间去移动。 你可能还会发现张开掌心很有用，这是另一种能够提醒自己要迎接一切的身体姿态，提醒自己放下控制欲，提醒自己要感受一切感受，无论这感受在分分秒秒和一呼一吸之间怎样演化。

不要担心焦虑之猴跟超市里的小孩一样会乱发脾气，甚至以更多焦虑的想法和感受来把你淹没。事实上，你该知道焦虑之猴一定会耍出这些手段。一旦出现这样的情况，再把注意力放到呼吸上去。做一个时时刻刻都敞开胸怀的主人。只要持续把注意力放回呼吸上，你将会为自己多么善于应对各种各样的感觉和情绪而感到震惊。

如果你最终被感觉和情绪淹没了，或者分心了，又或者看不穿情绪的究竟，不要气馁。起初很有可能会遇到这些问题。“欢迎光临”呼吸法跟所有的技巧一样，都需要练习，而大多数感受和情绪在你能够自如应对或大幅度减弱之前，都会反复出现。只要你把它们都看作是需要敞开欢迎的机会，就会得到成长和延展的可能。

对你来说，接受已经习惯抗拒的东西实在是个挑战。关键就是要做好准备迎接不适感。大多数人终其一生都在避免不适感，所以要真正接受不舒服的感觉是个很大的跨越。但这正是我们需要做的事。

欢迎光临

一种必要的感觉就像一个不速之客，无论如何总会出现。既然你知道它会来，不如欢迎它，以便更好地应对。

欢迎“战斗或逃跑”的感受

负面情绪并不是焦虑之猴邀请的唯一的客人。生理上的不适感也有可能出现。一旦战斗或逃跑的感受被激活，大脑中神经和生物化学上的变化可能会造成虚拟的大脑被劫持的假象。

你可能会失去理智或作出明智抉择的能力。你大概会觉得非但触发这些情绪的情况是危险的，不舒服的感觉本身就很危险。对于曾经经历过惊恐发作的人来说，更是如此。下列的身体感受虽然常见，但也尤其难以令人敞开心胸去欢迎。

- 胸闷
- 晕眩或头昏眼花
- 心跳加速
- 胃部痉挛
- 燥热出汗
- 麻木刺痛
- 视觉幻象

当身体感受到强烈的不适时，你会很容易觉得确实有地方出了问题。比如说，心跳加速的时候，你可能会感到非常焦虑，因为猴子思维会把这个威胁解读为疑似心脏病发。如果你头昏眼花，焦虑之猴可能觉得你就要昏倒了。如果你的视觉产生幻象，焦虑之猴可能判定你发疯了，或是某些身体功能失常了。你觉得自己真的要死了或是要疯了，这种情况并不罕见，这也是为什么到急诊室就诊的病人常见原因是胸痛、头晕和呼吸急促等。尽管这些不适感通常都发生在感知到威胁的情况下，但它们也有可能完全凭空出现。这可能会很吓人。但从实际情况来看，我们的身体完全能够应付这些不舒适的感受，即便我们并不清楚为何会有这些感受。

如果你感受到了战斗或逃跑的冲动，但事实上并没有面临任何直接威胁，那就说明这是个虚假警报。无论这些感觉显得多么紧迫，抗拒这些感觉只能令它们盘桓得更久。虽然貌似没有实质意义，但是不适感和负面情绪一样，都是必要的。我们越欢迎它们，它们就越容易被自然代谢掉。

当你清楚地向自己表明对于焦虑警报抱着欢迎的态度，从注意力到呼吸都敞开空间，那么你被焦虑警报劫持的概率就越低。既然不学会如何面对战斗或逃跑感觉就无法成长，那就以欢迎的态度来抢占先机吧！

练习欢迎心态的机会

你不必太在意那些会引起不舒服感觉的情况。它们会来找你的。这其实是件好事。这些状况都是机会，因为你需要学会面对它们才能成长。

最显而易见的状况，就是那些你一直害怕并抗拒的状况。对埃里克来说，那就是做决定、与员工对质和去健身房；对玛丽娅来说，就是远离医院；对萨曼莎来说是拒绝儿子的请求，或是为了避免令人产生不悦情绪而不敢拒绝别人。接下来的章节当中，我将探讨如何学会迎接这些高风险的状况。现在我们来分析一些轻微令人不适的状况，你可以学着以欢迎的心来面对，而不是抗拒、躲避或分散注意力。

以下是一些常见的令人不适的情况：

- 一直等红灯
- 排队等候
- 遇到无礼的司机
- 迟到
- 做自己不喜欢的事
- 听别人抱怨
- 会议或课程内容太无聊

如果你一天中遇到的事情没有令你感到焦虑或不适，你还可以主动去触发自己的消极情绪，来完成欢迎心态的练习。方法有很多，放开你的想象吧。以下建议仅供参考：

- 找一个自己不喜欢的政客，听他的竞选演说
- 放一些自认为不入流的音乐
- 看一部明知自己不会喜欢的电影
- 点一份你从来没有点过、看上去就不好吃的食物
- 不带手机出门

- 穿一件自己平时不穿的衣服
- 读一篇会令你伤心的文章

欢迎不仅仅是简单的一个想法或念头，而是像一块需要锻炼的肌肉。记录下自己欢迎心态的练习过程，会很有帮助。参照下面的“欢迎心态练心表”制定自己的练习表格。每天晚上花几分钟来更新，看看你选择了哪些情况来练习欢迎心态。下面是一个示例：

日期	激起的必要情绪	时长	感受强度（1–10）	情绪强度（1–10）	欢迎程度（1–10）
星期一	沮丧 等红灯	30 秒	4	4	4
星期二	无聊、反感 开无聊的会	1 小时	6	7	6
星期四	焦虑、不带手机去散步	15 分钟	2	5	5
星期六	焦虑、愧疚 跟朋友吃晚餐迟到了 5 分钟	无数据	6	7	4
星期一	愤怒开车时被人加塞	5 秒	5	8	3

“感受强度”那一列代表生理感受的强度。你的心跳有多快？你的肌肉有多紧张？你的胃里有多翻腾、多恶心？10分表示最强烈的感受。1分表示最轻微的感受，除非集中注意力，否则你可能根本注意不到。

“情绪强度”那一列代表面对既定状况你的情绪波动程度。典型的情绪包括悲伤、焦虑、恐惧和愧疚。通常来说，你所感受到的情绪强度会与你身体的感受强度相对应，以至于两者会很模糊。在这个练习中，你将学会区分身体感觉和情绪体验两者的差别。

学会衡量你有多欢迎这些必要的感觉是这个练习中最困难的部分。迎接必要的情绪和感受需要你改变对焦虑的态度。曾经你所抗拒的反而是现在你要接受的、将之视为必然的、要柔和以对的并且为之臣服的。起初，你的“欢迎程度”得分会很低，这很正常。只要坚持主动令自己面对焦虑，你将学会面对那些情绪要如何放松下来，从而提升“欢迎程度”的得分。

记住在进行欢迎心态练习的时候，并不是要摆脱或控制这些情绪和感受，也不是锻炼自己渐渐喜欢上这些情绪和感觉。你只需简单地通过呼吸欢迎那一刻出现的任何情绪。吸气的时候接受一切情绪和感受，呼气的时候放下掌控欲。有必要的话就多重复几次，要清楚，每个呼吸都是你增进韧性并进行拓展的过程。对于感受负面情绪，你越来越驾轻就熟了！

“欢迎光临”呼吸法是增强韧性、应对必要情绪的绝佳物理手段。然而，还有另一个工具值得你了解，只要运用合宜，将会极大程度地加速韧性练习的进展。这个工具能够吸引焦虑之猴的注意，并且有效中止焦虑循环。

想要更多

任何尝试过“反向心理学”的人都知道，整个经历很像大冒险。如果父母对大发脾气的孩子说：“继续吧，想喊多大声就喊多大声。”那么，他们最好要有心理准备，山崩海啸的哭喊声即将袭来，路人也免不了送上几个愤怒的白眼。然而，如果父母能够坚定不移地执行这个新的拓展性策略，并且不为那些不适和窘迫所动，就会得到回报——孩子会明白发脾气并不会带来奖励。

这就是你的长期目标。你想要让焦虑之猴明白，不断输送更多的负面情绪和感受并不会得到任何奖励。这就是在训练焦虑之猴了，而且它的行动号召令被忽略的次数越多，它就会越快学乖。

但是要记住，焦虑之猴能够学得多快多好并不受你的控制。实质上拓展性练习是为了训练你自己！当你迎接必要的情绪和感受时，就会知道自己是可以忍受它们的。你会发现自己能应对一切局面。这会令你有机会获得新的经验、知识和信心。所以，当你想要更多的时候，就是在向自己说：我能搞定！从而加速训练的进度。

这一点实在太过重要了。千万不要本末倒置。超市里面乱发脾气的孩子是不会有任何长进的，除非家长先学会如何忍受这个局面。如果你不学着应对不同的状况，焦虑之猴就更无法了解其实你是有能力面对这些状况的。

这就是为什么为了加快训练进度，我们要让自己想要更多。我们能忍受的必要情绪越多，我们就能得到更多的新经验和新知识。下面的例子将向您揭示对玛丽娅这样的疑病症患者来说，想要更多实际上意味着什么。

不适感觉：心跳加速

玛丽娅：很好，我想要自己的心脏跳得快一点。

不适感觉：出汗发抖

玛丽娅： 很好，我想要出更多的汗、抖得更严重！

不适感觉： 周身麻木

玛丽娅： 很好，再麻一点吧！

不适感觉： 恶心、肠胃痉挛

玛丽娅： 很好，让恶心和痉挛来得更猛一些吧！

是，我知道你在想什么。想要感受负面体验听起来很疯狂。但是到目前为止，你的人生都在竭力避免任何负面体验，那么你的生活真的因此而过得如意吗?

下面我们来解释一下为什么这种丧心病狂的做法实际上是有效的。想要更多你过去抗拒的不适感，会削弱你此刻可能产生的抗拒情绪。重复这样强有力的指令，会令你把注意力专注到新任务上。在你忙着给焦虑之猴下命令的时候，就不会被它发出的指令引得团团转了。你越有意地去面对负面感受和情绪，你的扩展就越有力。

掌控范围内

我们每个人都被生活教育了一遍又一遍，跟焦虑和抗拒斗争的结果往往是徒劳的。焦虑是我们无法控制的，是一种像太阳升起一般无法抗拒的自然的力量，其威力不亚于夏日的雷暴。关于焦虑，我们必须要问的问题是：我能控制什么?

你能掌控自己对于焦虑的反应。你可以敞开你的身体，伴随着呼吸给它充足的空间任其自生自灭。你可以要求更多来训练自己和焦虑之猴，让它相信你是能应付这个局面的。要记住，负面情绪和感受是不可避免的，因此是必要的，而在给这些情绪和感受腾地方的同时，你会随着时间的累积和练习的深入，在身体内建立对他们的适应能力。当你能够掌控自己对于焦虑之猴的反应时，它就会失去对你的控制了。

这一章的重点就是感受必要情绪的生理过程，以此对你原有的世界进行拓展。我们很清楚，必要的感受和情绪并不是在真空中生发的。它们说到底还是猴子感知威胁后的产物。焦虑情绪以及随之而来的焦虑感受会以十分有压迫感并且密度极大的形式出现，一股脑地向你袭来。抗拒它们，就像抗拒必要情绪一样徒劳。下一章，我们将学习如何以欢迎的姿态面对担忧，或者像我所说的“猴子的叽叽喳喳”。

为了让那些与焦虑紧密相关的不适情绪与感受自生自灭，不仅有必要去感受它们，而且最好敞开胸怀去欢迎它们。

CHAPTER 07

如何应对你的担心

DON'T FEED THE MONKEY MIND

有一周埃里克来找我治疗的时候显得压力特别大。他向我描述了几天前他与一名员工之间的争执，虽然过去几天了，但仍然令他苦恼不已。那名员工犯了一个粗心大意的错误，公司因此失去了一位重要客户，而这种情况已经是第二次发生了。让埃里克更头疼的是，这名员工是他好朋友的妻子，而且起初正是因为听从了埃里克的建议，她才来他们公司上班的。埃里克特别不想与员工发生正面冲突，而且他担心如果他这么做会失去那位朋友。他连续两天都没有睡好，一直在担心到底应该怎么做。

埃里克被焦虑之猴思维绑架了。他那些焦虑的念头全都源自对于原始威胁的感知。**如果我开除了她，公司所有人都会讨厌我的！我会失去朋友的！我会没生意的！我会变成孤家寡人！**怪不得他睡不着觉。当你被焦虑之猴绑架的时候，你基本上是没办法好好思考的。你所有的思绪都像是焦虑之猴的叽叽喳喳，全都基于对原始威胁的感知。为了帮埃里克理清这个问题，我让他画出自己的焦虑循环。

分析埃里克的焦虑循环帮助他认识到自己高估了原始威胁。难道他做自己职责范围之内的事，就要被所有人抛弃吗？可能不会。他还发现，他可能也低估了自己扑灭他人怒火的能力，哪怕生气的那个人是他的好朋友。这很有帮助。然而，即便这个局面算不上是原始威胁，但埃里克的确还是面临着一个切实的问题。焦虑的念头可能真的是有问题发生的信号，而且这个问题亟待解决。但是脑子里那么多焦虑之猴的叽叽喳喳，埃里克实在难以抉择到底该采取怎样的应对之策。

为了帮埃里克找到合适的办法，我让他进行了下面这个练习。这个练习的目的是帮助你在纷乱的噪音下仍然能准确行动。

解决问题五步法

1. 认清问题。

2. 列出 4 种解决方案。

3. 分析每个解决方案的短期和长期影响。

4. 选出最好的解决方案并执行。

5. 对于执行情况进行评估。拍拍自己的肩膀，你尝试了新的办法呢！

从第 1 步开始，我要求埃里克以最简练的语言描述他的问题。他是这么说的："我的员工令我损失客户。"

第 2 步就是要列出 4 种可能的解决方案了。这个步骤中最好是放开去想，并不是要确定最佳方案，只要尽情联想就好。埃里克想出了 4 个挺不错的方案。他可以解雇这名员工，让员工进入试用期，跟朋友谈一谈（也就是该员工的丈夫）这个问题，或者干脆什么都不做。

接下来第 3 步，我请埃里克对这些潜在方案进行评估，分析每个方案的短期和长期影响。

埃里克说，什么都不做肯定是当前最省事的办法，但如果不进行任何干预，这名员工可能会让公司流失更多的客户。开除她肯定能避免日后的工作失误，但这令埃里克感到极度不适，而且也会令他和该员工的丈夫之间的友情受损。跟朋友，也就是该员工的丈夫聊一聊，无论从短期还是长期来看都没有意义。他不能把自己的责任和压力转嫁到朋友身上，然后指望着问题就这样解决了。

最后一个解决方案，也就是给那名员工一个正式警告，说清楚日后再出错会有怎样相应的后果，显然这在短期内会令埃里克感到不适，但是如果她日后再犯同样的错误，解雇会容易一些，至少他在解雇人员记录上能写得有理有据。埃里克认为让她进入试用期是最好的办法，尤其是他还可以安排一些培训，让她不再犯类似的错误。

有了解决方案，埃里克已经准备进行第 4 步了，也就是执行这个方案了。但他仍然觉得很不安。他一直希望自己能想出一个万全的办法，既不会威胁到他跟朋友的情谊，也不会令公司蒙受更多损失。这是埃里克完美主义的焦虑之猴又在作祟了。解决问题的时候永远都没有最优方案。如有真有最优方案的话，那就不会成为一个问题了。

如果埃里克选择的方案并没有解决问题，他还是可以回到第 4 步来重新选另一个解决方案。不到那时候，想其他的都没有用。当前他只需要专注执行已经选出的那个方案就好。

埃里克说他觉得好一些了，但他担心自己会继续担心。决定了行动方针，并不意味着埃里克的焦虑之猴不会在叽叽喳喳了。实际上，无论是我还是他，都很确定焦虑之猴还是会继续嘟囔。于是，我把我最爱的万能工具介绍给他，让他回应焦虑之猴的叽叽喳喳。

感谢焦虑之猴

和其他患者一样，在处理焦虑思绪的时候，埃里克的本能是将之屏蔽。如果这样做没用的话，他就会开始跟焦虑之猴争论，列出种种理由来说明其实并没有担心的必要。和我们大家一样，埃里克很少成功。焦虑之猴是自然力的展现，正如其他一切不可抗拒的力量一样，你越反抗，压力就越持久强劲。你不可以忽略、压抑焦虑之猴或者跟它辩论。对焦虑之猴来说，你越不想去面对它感知到的威胁，越能充分说明威胁确实存在，从而引发焦虑之猴更多的叽叽喳喳。如果你想要告诉焦虑之猴正确的讯息，也就是让他明白“我意识到这个问题啦，而且我可以处理好”，你必须给它充分表达的机会。

给焦虑之猴充分表达的机会并不意味着要遵循它的意见。你只需要注意到那些叽叽喳喳的声音，而不去评判它或对它做出反应。对于焦虑之猴的叽叽喳喳，你所需要给予的关注，只要保持听机场广播那样的程度就可以，广播说请你不要让行李离开自己的视线，你听听就好。无论那个想法到底有多么令你困扰或者重复多少次，你只需要一次又一次地注意到就好了。

你只是在旁观照，那也就意味着允许负面想法出现，哪怕是那些可怕到你都不敢跟其他人说的想法，从而训练自己不要把这

些想法当作行动召集令。你在自己和焦虑之猴之间营造出一段更加健康的距离，在担忧的过程当中，你变成了一名观察者，而非参与者。

因此，当焦虑之猴的叽叽喳喳变得越来越响亮，已经干扰到你的时候，其实这种情况并不少见，而此时你的任务就是要旁观这个焦虑的念头。随后，该干嘛就干嘛。要提醒自己，你现在放低了态度，开始理会焦虑之猴的叽叽喳喳，而不是简单粗暴地让它闭嘴。我建议你面对这些念头的时候，说一句简简单单的“谢谢你”，承认这些想法就够了。

没错，要有礼貌！那个小家伙虽然被误导了，但它只是想保护你的安全。就像个爱发脾气的小孩儿，焦虑之猴并不会因为你要跟他讲道理就安静下来。它像火灾警报一样，不容忽视。所以你要有礼貌地对待它，然后该干嘛就干嘛。对埃里克来说，他即将和那名员工进行的谈话引发了一阵叽叽喳喳的讨论：

焦虑之猴：也许她真的只是无心之失，去责问她其实对她并不公平。

埃里克：谢谢你，小猴子。

焦虑之猴：如果你去责问你的员工，他们就会讨厌你。你会在自己的公司里被所有人疏远。

埃里克：谢谢你，小猴子。

焦虑之猴的叽叽喳喳：你不能威胁自己朋友的妻子，说要解雇她。这个行为简直是不可饶恕的背叛。

埃里克：谢谢你，小猴子。

记住，这只是一个你正在观察的想法，一个被劫持的大脑的产物。每当你观察这个想法并拒绝配合采取行动的时候，你和这个想法之间的距离就越来越大了，你也就重新获得了对认知的掌控。每当你重复一次“观察想法、正视想法、放下想法”的过程，就像任何运动一样，随着锻炼次数的增加，你会变得越来越强壮，更善于重塑自己的大脑。

如果你发现自己在跟猴子的叽叽喳喳争论，那就停下来。猴子不会从理性或辩论中学习。猴子的大脑通过以下两种方式来学习：（1）接受对威胁感知的确认；（2）不接受对威胁感知的确认。你一直都在用错误的方式对待焦虑之猴，那就是以抗拒的方式确认其对威胁的感知。该停止了。你能给叽叽喳喳的焦虑之猴传递的最清晰的信息，就是静静观察、表达感谢，然后一次次回到你新的拓展性策略和思维模式中去。

你的目标是超越焦虑之猴的行动号召，不能对其置之不理，也不能低估它。你要增进免疫力，以保证不论焦虑之猴的叽叽喳喳有多大声、有多频繁，你都可以继续坚定地朝着你的目标前进，拓展你的世界。

担心的时刻

在与我讨论后的第二周，埃里克再来找我的时候，他告诉我由于日程冲突，他与员工的约谈还在几天之后。等待期间，焦虑之猴有许多额外的时间在那里叽叽喳喳。

埃里克能够坚定地保持静静观察、直接面对，并以一句“谢谢你，小猴子”让焦虑的念头自生自灭，至少在白天都坚持得不错。但是晚上，他感到疲惫的时候，就会重新陷入担心的循环。一个人躺在黑暗里，对焦虑之猴表示感谢让他觉得很蠢，而且完全不能对入眠产生什么帮助。埃里克可以使用强有力的消除叽叽喳喳的工具了，那就是——“担心的时刻”。

希望你已经习惯了这本书中的悖论。“担心的时刻”听起来就像是个让你展开担心情绪的时候，而且还是刻意的！区别是“担心的时刻”是你“自己”的时间。你可以决定什么时候担心，担心什么，而不是由焦虑之猴决定。

虽然听上去区别不大，但实质上却完全不同。担心是我们对感知到的威胁采取的一种心理行为。因此，它是一个安全行为，旨在防止伴随这些想法而来的负面情绪。当你能够自己做决定，而不受到焦虑之猴的干扰，专门分派一个时间段让自己的焦虑想法通通被释放，不需要尽力修复或解决任何问题，关键是，是你自己在安排这个时间表。对于担心，你采用了全新的立场。

有点像是反抗霸凌者，你能够以这个全新的立场来获得与之平起平坐的地位。关键信息就是，你在对霸凌者说：这是我的地盘。

来吧！我能处理一切。

以这样有计划、有目的的方式发泄的担心，实质上从安全策略变为了拓展性策略。你主动让焦虑念头浮现出来，并不试图压抑它。如此一来，焦虑之猴就得挨饿了。

每天都安排一段时间让自己大肆地去担心。定好闹钟或者在日程表上留足空档，就像你对待其他重要事情一样。当然啦，你肯定已经预感到，这并不会是个令你期待的过程，所以我建议你安排的时间短一些，随后安排一些令自己开心的事情，像是见朋友、看电影，或是其他的娱乐活动。

当你设定的“担心的时刻”到来时，找一个不会被干扰的地方，定个 10 ～ 20 分钟的闹钟，然后开始尽情担心吧。不担心到极致不罢休，直到闹钟响起为止。

要记得不要与那些冒出来的念头和感受争论，也不要压抑它们。你是掌控节奏的人，而且这是你自己要求的。你选择了敞开大门，让你所思所感的一切都自如流淌，不要有任何抗拒。你会想要解决其中某些烦恼，但是别顺着这个思路走下去。不需要解决问题，只感受就好了！

相反地，你会发现自己的心思可能会从焦虑的念头上飘走了，反倒想起了许多无害的、不牵扯丝毫情绪的事情。重新关注焦虑的想法。这就是“担心的时刻”，你的目的就是要尽情担心。你越经常展开这种担心，效果会越好！

为了使“担心的时刻”发挥出最大的功效，你可以试着把想法写出来，随后大声朗读，最好可以录下来，以便日后再听，这对你是很有帮助的。埃里克就是这样做的。为了让他更好地记录自己的想法，我问了他两个问题，要求他尽可能详尽地回答，不能有任何修饰。

1. 最糟的情况会是什么样呢？

2. 如果真的发生这样的情况，那对我、对我的生活和未来会有怎样的影响？

我告诉他要放手去回答，就像在写恐怖电影一样，写出他人生最恐怖的剧本。他是这样写的：

我的员工会得罪另一位客户，我们就会再损失一位客户。当我去质问她的时候，她会对我生气。她会哭，会抵赖，说这一切都不是她的责任。公司所有人都会站在她那一边。她回到家以后就会跟丈夫大肆讲我的坏话。她丈夫也会很生气，会跑来当面质问我，说我有多么地不公正、多么过分，我们的友情结束了。然后他就会跟所有我们共同的朋友说，我是个彻头彻尾的混蛋，大家就会共同抵制我。所有同事，还有我在乎的朋友都会讨厌我，我从此形单影只。

当埃里克阅读自己写的剧本时，他就能看出了其实这有点扯了。“但是这样也并不能打消我的担心。”他说。“很好。”我告诉他。只要能促使焦虑之猴去拉响警报，那就能在“担心的时刻”派上大用场。

就像所有的工具一样，“担心的时刻”只有经过反复和长期的练习才能最见效力。我建议最好每天都安排一段“担心的时刻”，如此坚持一个星期。要记得，反复操练才能令韧性得到提升。

担心的时刻

回忆并描述一个你最害怕的场景。为了达到更好的效果，用现在时来写，包括你的感受和你周围正在发生的事情等细节。下面有几个好的问题，你要问问自己：

1. 我担心会发生什么？

2. 最坏的情况会是什么样？

3. 如果最坏的情况真的出现了，那对我、对我的生活和未来会有怎样的影响？

一旦你确定了自己最担心的是什么，写一段生动细致的描述，假如事情真的发生了将会是什么样子。把这段描述大声地读出来，并用手机录音。设置一个 15 分钟的计时闹钟，不断重复听这段录音，尽你所能地去担心。记得用“欢迎光临呼吸法”去接受每一种涌现的情绪。

除了能够增强韧性，从这个练习本身你也能获益，下次再被焦虑之猴的叽叽喳喳吵到的时候，你就多了一个拓展性策略傍身了。你可以对自己说:我明天的“担心的时刻”再来纠结这个问题。把担心延迟到你能控制的时候，这就意味着你不再喂养焦虑之猴了。

当你不再喂养焦虑之猴的时候，收获香蕉奖励的变成了你。你会得到新的经验和知识，以此在头脑中搭建出新的神经通路。你会了解到，焦虑想法的内容并不重要，而且你并不需要处理这些想法。那些曾经在你头脑中反复回响、令人呼吸急促的“要是……该怎么办”和“那这个……呢？”之类的问题，开始逐渐展露出真实的面目：哇哇哇！只不过是焦虑之猴的叽叽喳喳而已。你能够忍受这些声音。你的生活在拓展！

混合搭配

处理忧虑不仅仅是一种大脑的锻炼，而是一种全身的锻炼。当你运用本章介绍的工具去应对焦虑之猴的叽叽喳喳时，上一章提到的一切必要的情绪都会涌现出来。你需要运用上一章学到的工具，也就是“欢迎光临呼吸法”和“想要更多”，同时搭配“感谢焦虑之猴”和“担心的时刻”一起使用。

此外，这两章中的工具不但可以单独使用、混合使用，也可以交替使用。比如，你可以用“欢迎光临呼吸法”来应对焦虑之猴的叽叽喳喳，也可以“感谢焦虑之猴”所触发的消极情绪和感受，还可以在“担心的时刻”“想要更多”不舒适的身体感受。大胆地将这些工具进行混合搭配吧，你把它们用得越多，用得越广泛，你最终会变得越有韧性。

注意“最终”这个词。新的工具要以新的技能来搭配。应对必要情绪和感受可以锻炼到我们许久未用的肌群，由于你现在的猴子思维模式在某种程度上对你生活中大大小小的决定会起到多多少少的影响，所以你必须要进行大量的拓展性训练。任何思考和行为模式上的改变都需要你大量重复才会习惯成自然。

这听起来似乎不是个好消息，但它的的确确是个好消息。记住我们所做的一切，是为了拓展你的人生啊！你拓展得越开阔，越能自由地去追求你的目标，在遇到障碍的时候也会变得更灵活、更有韧性。

在下一章，我们一起解析两个新的用于拓展性训练的工具，这两个工具从性质上来说大不相同。一个是概念上的，一个更具有实践性。一个会对你的练习有启发，一个会让你的练习更扎实。两个工具分别使用就已经威力无穷了，双剑合璧更是所向披靡。一旦你清楚了它们的合力有多强，再练习的时候就离不开它们了。

担心往往只不过是焦虑之猴的叽叽喳喳而已，如果它受到欢迎和容忍，而不是抗拒或抵制，它就会渐渐消散。

CHAPTER 08

走出焦虑的转机

DON'T FEED THE MONKEY MIND

还记不记得这样一个场景，你的小学老师或是同学第一次看到你心爱的蜡笔画，然后对你说："它看上去根本不像马！"或者你的朋友或兄弟姐妹第一次听到你自顾自地唱歌，然后朝你扮了个鬼脸？这些略微难堪的时刻提醒我们，自我表达的喜悦也会带来麻烦。创造的代价就是会被人品头论足。

如果我们不能忍受他人的评断所触发的原始恐惧，也就是被赶出部落，我们就会对别人的品头论足有心理准备，并把这件事放在心里。我们会放下画笔，停止歌唱。我们就会对外宣称自己并没有什么才艺。毕加索有一句名言："每个孩子都是天生的艺术家，问题是怎么在长大以后仍然保持这种天赋。"

当然，并不是所有人长大后都要成为视觉艺术家，但是不是每个人都要找到自己生活的艺术呢？我们真的被生存的需求实打实地套牢，一点更高级的价值需求都顾不上了吗？要永远都被焦虑之猴的哇哇乱叫给搞得团团转吗？一旦被负面情绪和感受绑架，我们就会陷于一场规矩异常严苛的游戏中。我们总会试图对万事万物保持肯定、让自己尽善尽美、讨别人的喜欢，但跟生存的真实目的比起来，这些都不重要。如果我们只把生活的全副精神用于维持生存，而把创造力和潇洒自在等价值牺牲掉，并且把指向这些高级价值的个人目标一并舍弃的话，我们迟早会感到后悔。

无论你是个艺术家还是名会计师，这都是你要面临的挑战。你要按照焦虑之猴的价值生活，不惜一切代价保证安全吗？还是要遵循你自己的价值体系呢？我不确定我们在这个星球上的终极目的是什么，但我确信绝不仅仅为了生存下去这么简单。

那个一边哼着歌一边拿着蜡笔勾勒自己杰作的小孩和那个在工作室忙碌着、大胆创作出全新的绘画流派的艺术家，都在以他们的个人价值为指针在生活，诸如表达自我、真实、好奇、独立、沟通、勇气和愉悦。我们都是艺术家，都在践行生活的艺术。哪些价值观会激发你去实践的动力？

为了帮你找到这个问题的答案，下面列举了一些广泛的人类价值。这些价值能够给你践行的目的和方向。把那些最吸引你的价值圈出来，最好能写下你自己的价值清单，放在手边，以便将来随时查阅。

自我接纳
全情投入
灵活性
成长
韧性
开放
冒险
正念
创造性
健康
勇气
灵性
诚实
独立
乐趣 / 愉悦
自我表达
平和
责任
同情
尊重
真实
爱
信任

人生的价值

脱离语境的价值是不具备什么实际意义的词语而已。要弄清楚这些价值到底是怎样在拓展性练习中给予人灵感和方向的，需要重新回顾玛丽娅、埃里克和萨曼莎的例子。

玛丽娅想摆脱疑病症，她愿意放弃一些时刻监视身体和寻求安慰的安全策略，愿意在短期内承受更多的焦虑。她发现自己需要培养一种更开阔的心态，这种心态允许她对自己的身体感觉有不确定性。这是个很棒好的、很切实的计划。玛丽娅厌烦了被困浅滩的状态，于是做好了潜入未知水域的准备。但如果水面开始波涛汹涌要怎么办？什么样的价值观能给玛丽娅带来指引，并帮助她继续向着目标前行呢？

当我问玛丽娅，对她来说，什么样的价值观比感到安全和确定更重要时，她惊讶地发现，要确定这些价值观是多么困难。但当我给她看价值列表的时候，她就毫不费力地选出答案了。

乐趣/愉悦、灵活性、冒险、韧性、正念

我建议玛丽娅把这些价值记到她的智能手机中，每当感到迷失、需要找回方向的时候，它们就会提醒她继续践行这个练习。

她也的确照做了。

埃里克的拓展性策略就是限制自己做决定所需要的时间，并且接受社交活动的邀约。这两个意图都威胁到了他的猴子思维模式，也就是只要他犯了错误，就会被人品头论足，也会被人拒绝。我问埃里克，他为什么愿意进行这个练习。对于他来说，什么比安全更重要？他想出了这些价值作为回答：

自我接纳、全情投入、真实、成长、韧性、勇气

埃里克把这些价值写到了名片背后，并放到了他随身的钱包里。在整个练习期间，经常拿出来看。

萨曼莎唯一看重的是儿子的安全。尽管听上去很高尚，但是萨曼莎很清楚这并没有把她的人生引领到她想要的方向上，反而令她被电话和支票簿绑架了。她浏览价值清单的时候，找到了不少值得践行的价值。为了更清晰，她把自己的选择精简如下：

健康（我自己的）、信任（我的儿子）、（对我自己的）责任

为了提醒自己，她把自己的手机壁纸从儿子的照片换成了自己的。当她想要给儿子打电话询问情况的时候，就可以通过照片提醒自己，自己究竟该对谁负责任。她计划有一天把儿子的照片再换回来，前提是先把自己的价值导向捋顺了。

你的“我必须要百分百肯定”“我不能犯错”和“我对所有人都负有责任”的思维模式，是否让你偏离了自己的价值观？这对你的生活有什么影响？你想要以怎样的价值为人生导向呢？

练习一下，设想自己遇到这些情况，以不同的价值为导向来选择相应的行为。

你走在一座陌生的城市里，很饿，有一小时的空闲时间。

价值：安全

行为导向：查评分类应用软件，找一家五星好评的餐馆

价值：冒险

行为导向：找当地人问问有什么值得推荐的，然后就按对方说的去做

你的老板正在主持的会议方向并不被你认可。

价值：安全

行为导向：什么都别说，就让会议这么开下去。

价值：真实

行为导向：说出你的反对意见，并建议更换下一议题

你的伴侣对家里公共区域乱七八糟表示不满。

价值：安全

行为导向：趁对方不在家的时候收拾整齐，制造惊喜

价值：有趣

行为导向：打造“周五清洁日”，两个人一起放上最爱的音乐，然后共同收拾房间

你在某个社交场合遇到了一个自己想不起名字的人。

价值：安全

行为导向：在你想起来或者问清楚之前，避开那个人

价值：自发性

行为导向：走向对方，伸出手，提醒对方你的名字

这只是几个常见状况的例子，而在这些情况下，我们遵循的价值很容易被遗忘。多数人一天当中要面对数十次这样的情况，而其中有些情况已经严重到令我们怀疑，在焦虑之猴敲响警钟的时候，我到底要如何记住自己这些价值观呢？

制定表格

企业有商务计划，学校有章程，政客有政党宣言，组织有创办宣言，国家有宪法。如果你能把练习的目的以及如何践行自己遵循的价值安排好并且制定出来，你会受益良多。

我绘制了一张拓展性表格，帮助患者们将他们的实践保持在正确的轨道上。其中包含了拓展性训练的所有元素：你选择作为成长机会的环境，引领你前进的个人价值取向，你固有的猴子思维模式和策略，你的拓展性思维模式和策略，最后还包括你需要面对的必要情绪和感受。我的患者在开始练习之前，我们都会共同完成这个表格，我还建议他们每天都要读一读。

拓展性表格对我的患者们的帮助很大，所以我经常在自己的个人实践中使用它。来分享其中一个例子吧。你还记得我对犯错的恐惧是如何阻碍我写作的吧。下面是我完成的一个拓展性表格，帮助我打破完美主义的猴子思维。

问题 / 机遇： 写作	
价值取向： 真实、自我接纳、创造性、勇气	
猴子思维模式 我必须知道我要说什么，说得清晰明了，而且必须说得特别好。 如果不能完美完成这件事，就说明我不够好。	**拓展性思维模式** 创造需要冒险。 做得好与不好，并不能定义我作为一个人的价值。。
安全策略 多多调研。 等到头脑清晰了再动笔。 一旦受挫就放弃。	**拓展性思维策略** 限定时间，写 30 分钟。 自由写作，允许不完美。 使用欢迎光临呼吸法。
必要的情绪和感受： 焦虑、困惑和挫败	

拓展性表格的强大之处在于，填写每一项之前你都要好好思考。拓展性练习值得也需要思虑周全的准备。在没有提前计划的情况下进入任何练习情景，都有可能招致焦虑之猴的绑架。这就相当于在没有战术指导的前提下去率领一支橄榄球队。

通常遇到各种情景，我不会一直思考，我想做真实的自己，有创造力和包容性。通过把这些价值写下来，让它们变得更真实，成为我整体目标的一部分。同样，把猴子思维模式、安全策略及相应的拓展性思维模式和策略写下来，也让我如释重负，让等待着我的选择变得清晰可见。设想出必要的情绪和感受并把它们写在纸上，帮助我为迎接和容忍这些感受做好了准备。注意，我提醒自己用呼吸迎接焦虑是个拓展性策略。这是个很好的提醒，让我们把应对焦虑的过程当作跟呼吸一样自然。

我希望你花几分钟时间按下面的步骤填写一份自己的拓展性表格。有了这个练习带来的启示，你将比过去拥有更大的优势。下一次，当焦虑之猴发出警报的时候，你就会做好准备！

拓展性表格

1. 设想一个困难的情况。也许是你一直在拖延的任务或活动，一个很难做出的决定，一个令你紧张的社交场合，很难拒绝别人的要求或是很难坚持自己的立场，一个长期困扰你的问题。把这种情况写在第一栏“机遇”下。

2. 在这个状况下，确定对你来说真正重要的价值取向。

它们代表了你想要前进的方向以及在面对这个问题的时候你想要强化或是培养什么。我发现，运用本章前述的价值清单作为参考是很有帮助的。

3. 认清在这个状况下被激活的猴子思维模式。这是个好机会，能够帮你检验第五章提到的猴子思维模式。（也就是“超越确定性”“超越完美”“超越过度负责”，参照附录 4、5、6 查看上述内容。）

4. 找出应对该猴子思维模式的拓展性思维模式，你仍然可以参考第五章的内容或步骤 3 下载的内容。

5. 列出你过去使用过的安全性策略。有个很好的问题可以问问自己：我该怎么做才能避免最坏的情况发生？你也可以查看第四章中的常见安全策略列表，来回顾相关内容。

6. 列举你打算使用的拓展性策略。（它们往往是与你的安全策略完全相反的。）

7. 最后，写下为了成长你需要经历并欢迎的那些必要的情绪和感受，包括战斗或逃跑的感受和负面情绪。下面是一些必要的情绪和感受，也许会对你有提示作用。

焦虑	窘迫
愤怒	内疚
恐慌	无助
挫败	羞愧

填写拓展性表格后，你会渐渐开始对从前无法掌控的局面获得主导权。你要收回那些为了保证安全而舍弃的价值取向。你要承认你旧的思维模式和策略，并界定新的思维模式和策略。为了达成目标，你还要选出自己愿意接受的必要情绪和感受。

也许完成一个拓展性表格最令人鼓舞的地方是，当你对即将到来的事情做好充分准备时，就把焦虑之猴的关键性优势抢走了，因为它不能再突然袭击。焦虑之猴控制的神经警报系统的传输速度可达 200 英里 / 小时。在没有任何预兆的情况下，你还没来得及呼吸，也许就被绑架了，除非你已经有所准备。当你完全准备好了，那就该轮到你来触发突然袭击了。

当你制定好计划和目标，即便最小的令你焦虑的状况也是一个拓展你人生的机会。在下一章，我们将学习如何创造练习的机会，而不是等着焦虑之猴来搞突然袭击。

当我们以自身的个人价值取向超越焦虑之猴的安全价值取向，并且抓住机会来实践这些个人价值取向时，我们就拓展了自己的生活。

CHAPTER 09

挑战从低级别开始

DON'T FEED THE MONKEY MIND

几十年之前，当电子游戏还处于婴儿期时，我 6 岁的儿子还在玩一个名叫《疯狂小旅鼠》的可爱小游戏，有一天我丈夫走过来说：“哇，这看上去很有趣啊！我可以玩玩吗？”不到一分钟，他就全线败退了。“我大概不擅长电子游戏。”他感叹。

我们家的小大人转过脸来，把手放在父亲肩膀上：“没关系，爸爸。你只不过是还不能打 34 级而已。”

一级

明天早上，你可以怀着最美好的愿望开始新的一天，以新的反应去迎接猴子思维的每一次警报，欢迎必要情绪和感受。虽然你决心十足，但是完成一整天的任务而不被焦虑之猴绑架的概率，就跟我丈夫想要一上来就通过《疯狂小旅鼠》第34级的概率一样。当你被高度焦虑的猴子蒙住双眼时，保持拓展性思维模式就会变得异常困难。

直到你对于焦虑产生抵抗力，你对付焦虑之猴的最佳手段就是从一级开始。也就是说挑选那些并不会危及生存的状况来作为练习的机会。低风险情况不太可能触发无法承受的焦虑，因而你就更有可能把新的拓展性思维模式和策略执行下去。

比如说，过度负责会不会令你总是加班呢？尽管你也可以明天就跟老板约个时间，说清自己的底线，但是如果从低难度开始挑战可能会更容易些，比如说计划当天准点下班。如果你在做决定时遇到困难，因为你需要一切都是确定的，那么在准备退休计划之前，去冰淇淋店选一个从来没吃过的口味试试吧。你不需要达到上TED演讲的级别才能解决行为焦虑。试试给朋友做晚饭，照样也能挑战你的完美主义思维模式。尽管这些低风险的状况似乎不会产生什么实质性后果，但你能学到的其实比预想的多。下面来说说为什么。

由于猴子思维模式是深入骨髓的，所以在低焦虑感的状况和高焦虑感的状况里，你的安全策略都是一样的。无论你是在工作

上谈价值百万的合作方，还是在家跟伴侣商量看哪部电影，焦虑之猴都在那里。无论你是在选择一所大学，还是一副耳环，安全都在召唤你。一整天下来，几乎每一个状况都能让你的价值取向跟猴子思维的产生碰撞。一切状况，无论是多么常规、多么无关紧要，都是练习新思维模式的机会。下面列举一些我的患者选择展开练习的状况。

埃里克的完美主义不仅体现在他的工作中，也体现在他的个人生活中。他不去健身房，因为他超重了。他从不下厨，因为他可能会忘记添加一味佐料或烧焦什么东西。他不跟邻居闲聊，因为他可能会说错话。所有这些状况都可以成为他的低难度练习。

玛丽娅不仅需要确定自己的健康状况，还需要确定自己的财务状况、朋友和购物情况。她只投资短期国债，只跟自己同一个教区的教友交往，连买一双鞋都很难抉择。同样，萨曼莎觉得自己对于寻物启事上的那些走丢的猫猫狗狗也负有责任，她不愿意在咖啡壶空了的时候去麻烦咖啡师来添满。他俩都没费多大力气，就找到适当的练习场合。

你的一级是什么？前面有很多建议供你选，但这取决于你的选择。试着达到最佳状态，在这种状态下，你会有足够的焦虑或是战斗或逃跑的感受，你会受到挑战，但又不至于让你退回到安全策略中去。

现在你大概也对自己容易受哪种猴子思维模式的影响有了比较清晰的概念。每一种都有特定的机会成为拓展性训练的场合。希望在此列举的内容可以对你有所启发。你可能会惊讶于其中一些看起来是多么简单，甚至是有趣。剩下的可能看起来非常可怕。无论机会是大是小，每一个都能带来挑战。如果你记得选择那些在你舒适区之外而风险又在你可以承受的范围内的机会，那么你的练习会既能收到成效，又可以持续。

享受不完美

以下是针对完美主义猴子思维模式的一些机会，也就是针对不允许自己犯错的人。你想要深化的个人价值是创造、挑战和冒险。顺便也要练习接受和同情，因为你总免不了会犯错，而这个时候这两项都是你需要的。为了后续的自我恢复，你还需要灵活性和韧性。

能够享受不完美的拓展性思维模式有赖于以下种种认知：

- 我知道自己有的事情做得好，有的事情做不好，但是这些都不能反映出我作为一个人的价值。（无条件的自我接纳）
- 错误、评断和批评的是我承担了风险并抓住了成长机会的标志。
- 推动我向前的力量是追求卓越、发挥创造和个人目标。
- 做最好的自己比跟别人一较长短更重要。
- 每个人都不完美，都会犯错。

以下是完美主义者常用的一些安全策略的范例，以及相应的供你练习的拓展性策略。

安全策略：反复检查电子邮件里的错误。

拓展性策略：写好就发送。

安全策略：工作的地方必须整理得整洁有序。

拓展性策略：留下一些小杂物。

安全策略：推迟缴税或其他你讨厌的事情。

拓展性策略：定好时间，花五分钟来做那件讨厌的事。

安全策略：想做出一顿最完美的饭。

拓展性策略：给别人做饭的时候可以出点差错。

上述策略都是行为策略。下面是练习心理拓展性策略的一些场合。

安全策略：回顾过去，找错误。

拓展性策略：过去到底犯没犯错，可以不必弄得太清楚。

安全策略：想到还有问题没解决就担心。

拓展性策略：使用五步法解决问题。

附录 7 为完整版《给完美主义者的安全性策略与拓展性策略》清单。

以下是通用版拓展性表格，用以辅助你练习。每个表格都针对完美主义者生活中常见的一个具体问题。

<table>
<tr><td colspan="2">机会：“冒牌者症候群”——感觉必须要证明自己，否则会让人觉得自己是个冒牌者</td></tr>
<tr><td colspan="2">价值取向：真实、创造力、自我接纳</td></tr>
<tr><td>猴子思维模式
犯错误就是无能的表现。
如果人们看到了我的弱点，我就会显得不够强。</td><td>拓展性思维模式
犯错本来就是人的一部分。
我不需要证明自己。</td></tr>
<tr><td>安全策略
隐藏错误。
不要问问题，也不要寻求帮助。
为了避免出错而加班。
不要冒险。
不跟人分享自己的细节。</td><td>拓展性策略
暴露自己的小错误。
每天找人帮个忙或问个问题。
限制工作时间，准时下班。
尝试新事物，允许犯错。
每天跟人分享一件关于你的事。</td></tr>
<tr><td colspan="2">必要的情绪和感受：焦虑、羞愧和尴尬</td></tr>
</table>

<table>
<tr><td colspan="2">机会：拖延</td></tr>
<tr><td colspan="2">价值取向：全情投入、自我接纳、成长、勇气和真实</td></tr>
<tr><td>猴子思维模式
我必须尽善尽美。
我必须要对自己在做的事情有充分的了解。
我不应该觉得困惑。
我必须展现出自己最好的一面。</td><td>拓展性思维模式
人都是不完美的。
我可以一边做一边学。错误能帮助我成长。
困惑是整个过程的一部分。
现在就去做，这比拖到自己最佳状态的时候再开始更重要。</td></tr>
</table>

续表

安全策略	拓展性策略
延迟启动任务。 花几个小时调研，而不是真正开始去做。 只有当我 100% 准备好的时候才能工作。	定个五分钟的计时器直接开始。 设定调研的时间和完成任务的时间。 感到累或困惑的时候可以继续工作。
必要的情绪和感受： 焦虑、困惑和挫败	

机会： 害怕公开演讲，无论在会议上、课堂上发言，还是跟人谈话	
价值取向： 自我接纳、勇气、真实和创造力	
猴子思维模式 我必须要表现得聪明、幽默和有趣。 我必须不能说错话，也不能出言不当。 焦虑是软弱和不足的标志。	**拓展性思维模式** 只要我开口说话，就是向着目标前进了。 说错话或是出言不当是正常的。 焦虑是我的一部分，是我作为一个人的正常表现。
安全策略 提前演练自己要说的话。 避免说出自己的观点或是回答问题。 通过服饰和化妆来掩饰出汗或是脸红。	**拓展性策略** 想到什么就说什么。 在社交场合，总要问点什么或说点什么。 允许焦虑的身体表征出现。
必要的情绪和感受： 焦虑、羞愧、尴尬和恐惧	

机会：对于过去的错误十分担心并反复思忖	
价值取向：自我接纳、冒险、乐趣、活在当下	
猴子思维模式 我不应该犯错误。 犯错就等同于失败。	**拓展性思维模式** 每个人都会犯错，包括我。 "展示真实的自我"就是成功。
安全策略 狠狠责备犯了错的自己，以此避免未来再犯错。 只要想到过去犯的错就会担心。	**拓展性策略** 放过自己，知道将来还会犯错的。 安排具体的"担心的时刻"。
必要的情绪和感受：焦虑、羞愧、尴尬和恐惧	

寻求不确定性

如果你就是要对事情的发展状况保持掌握，在确定之前都不能放松，那么你需要练习的价值取向可能还包括：接受，对于这个世界固有混乱的接受；灵活性，事情不如意的时候要灵活应对；韧性，来面对被意料之外的东西蒙蔽双眼的状况。当然了，也不要忘记感恩，事情进展顺利的时候自然要保持感恩。

寻求不确定性的拓展性思维模式有赖于以下种种认知：

- 活在当下比花时间预测未来会发生什么更重要。
- 除非有明显的危险迹象，否则我将采取安全措施。
- 当事情没有按计划进行时，练习灵活性和学会应对是很重要的。
- 我可以采取合理的预防措施，因为我知道我可以影响但不能控制结果。

以下是产生焦虑后常见的安全策略范例，以及相应的可以用来替换它们的拓展性策略。

安全策略：询问确认自己所爱的人是否安全抵达目的地了。

拓展性策略：认定对方是安全的，并且允许不确定性产生。

安全策略：在网上搜查不舒适感受的信息。

拓展性策略：以呼吸迎接不舒适的状况。

安全策略：确保为旅行准备好了所有东西。

拓展性策略：限制打包的时间。

安全策略：在自己十分确定之前，拖着不做决定。

拓展性策略：设定时限，即便还不肯定也要做出决定。

上述是行为拓展策略。以下是练习心理拓展策略的机会：

安全策略：在头脑中反复衡量利弊，确保作出最佳决策。

拓展性策略：允许不确定性的存在。寻求不确定性，也寻求更多的焦虑。

安全策略：为同一个问题反复担心。

拓展性策略：感谢自己的焦虑之猴，并且想要更多。或者给自己安排一个“担心的时刻”。

附录8为完整版《应对无法忍受不确定性的安全性策略与拓展性策略》清单。

对于需要确定性的患者来说，有些问题会反复出现。我也将这些问题总结出了相应的拓展性表格，供你参考。

机会：难以做决定	
价值取向：勇气、灵活性、全情投入、自主性、自我接纳	
猴子思维模式 我需要确定我的决定。 我需要确信自己做出了最好的选择。	**拓展性思维模式** 我不需要百分之百肯定。如果我做的决定引发了不良后果，我可以学会应付。 灵活性和适应性比确定性更重要。

续表

安全策略	拓展性策略
不要尝试新的事物。 推迟做决定。 花额外的时间做调查。 请他人帮忙做决定。	尝试新鲜事物。 每天通过选一些东西做个决定。 限制调查的时长。 自己做决定。
必要的情绪和感受：焦虑、羞愧、尴尬和恐惧	

机会：反复检查——确认你爱的人都很好，确认没有忘记带东西或忘了锁门、关炉灶之类的，确认你现在的身体感受并不危险	
价值取向：活在当下、乐趣/愉悦、韧性、勇气	
猴子思维模式 我必须确定大家都好好的。 我必须确认自己并没有遗漏什么事情。 我必须确定自己有足够的钱。 我必须确认我的身体感受不是病变的症状。	**拓展性思维模式** 没有明确的危险讯号，那我就认为大家都是安全的。 忘带东西可以促使你发展灵活性和韧性。 一旦我充分考量后作出投资判断，市场的发展就在我的控制范围之外了。 不确定并不意味着我生病了。
安全策略 给大家打电话或让他们打电话给你，确认他们的安全。 反复检查确保万无一失。 密切监控自己的各个账户和投资。 在网上查看身体症状，就医。	**拓展性策略** 减少打电话确认情况的次数，或者干脆不打电话。 检查一次就走开。 允许自己每周检查一次财务状况。 允许自己每周检查一次身体症状。
必要的情绪和感受：疑惑和焦虑	

机会：过度计划和“列表癖”	
价值取向： 灵活性、乐趣、韧性、活在当下	
猴子思维模式 所有事情都能如期进行，才能感到不错。 如果忘带东西，事情就糟了。 我必须做好准备，以防不好的事情发生。	**拓展性思维模式** 我在培养灵活性。 遗忘是培养韧性的机会。 我不能确保生活中万事万物都是安全的，试图这么做只能令我无法活在当下。
安全策略 花过多时间计划安排。 凡事都要自己计划。 为了让事情进展顺利就控制别人。 把所有事情写下来。 在大脑中列清单，随时查验要做的事情。 担心：试图预设、修补或解决问题。	**拓展性策略** 限制做计划的时间。 允许别人去安排事情。 不要提醒别人，也不要纠正别人。 一整天都不按照清单行事。 提醒自己要寻求不确定性。 向焦虑之猴道谢，并且安排“担心的时刻”。
必要的情绪和感受： 焦虑、挫败、愤怒、烦躁和羞愧（事情不如预期的时候就认为是自己做错了事）	

不再过度负责

有的人认为自己对所爱的人的健康和幸福都负有责任，这样的人尤其需要培养健康和自主的价值取向，不要忘了照顾自己，

也要相信别人能为他们自己负责、能从错误中吸取教训。此外，无论是对自己还是对别人，都要深化诚实、尊重和同情等价值取向。

不再过度负责的拓展性思维模式有赖于以下种种认知：

- 大家都需要对自己的生活和选择负责。他们行为的后果不是我的问题。
- 我要全权负责的是自己，而不是别人。

- 别人分内的工作没有做完的时候，我并没有义务替他们完成。我愿意接受其他人作为或不作为的一切后果。
- 当别人承受痛苦的时候，我可以满怀同情地倾听，但我的工作不是解决他们的问题。
- 我可以对于其他人的问题有敏锐的感知，但不需要为他们负责。
- 对别人说“不”以及划清底线是我的权利。

以下是我们常用的一些安全策略，与之搭配的是相应的拓展性策略。你还能想到其他可以用的拓展性策略吗？

安全策略：弥补他人的过失。

拓展性策略：别人的事情让他们自己做。

安全策略：优先考虑他人的需求。

拓展性策略：每周三次优先考虑自己的需求。

安全策略：为他人的问题提供解决方案。

拓展性策略：带着同情倾听，不要试图解决问题。

安全策略：站出来弥补他人的过失。

拓展性策略：不要承担别人的工作。

附录9为完整版《应对过度负责思维模式的安全性策略与拓展性策略》清单。

跟改变行为策略一样重要的是改变心理安全策略，就像哪怕别人没在你身边，你还在反复思考并为他人的问题而担心。应对这种情况的一种心理拓展性策略，就是接受对于他人安好与否的不确定。提醒自己，你不能掌控其他人的生活。然后专注于自我照料，让高级脑专注于那些你长期忽略的自身需求。以下是一些心理拓展性策略的例子，供你反驳“我要对所有人的幸福和安全负责”的想法。

安全策略：独处时考虑别人遇到的问题。

拓展性策略：有意地把关注点放在自我照顾上。

安全策略：在头脑中回想自己本可以或者本应该怎么做，就可以帮助到别人。

拓展性策略：打断这种回想，接受你已经做错了的可能性。

记住，每当你练习拓展性策略的时候，融入必要的情绪对你的成功至关重要。

基于这个问题有以下拓展性表格范例供你参考，而这也就是过度负责者改变的机会。希望你能从中汲取改变和提升的灵感。

<table>
<tr><td colspan="2">机会：长期担心你所爱的人</td></tr>
<tr><td colspan="2">价值取向：尊重、自我关心、健康、独立、愉悦/乐趣、韧性</td></tr>
<tr><td>猴子思维模式
我必须防止厄运降临在我所爱的人身上。</td><td>拓展性思维模式
人们会在对自己负责任的过程中进步。
试图控制别人是没有用的。
我不能阻止所有不好的结果。
“放手”会令我更健康、更开心。</td></tr>
<tr><td>安全策略
把别人的问题指出来。
给别人建议。
主动帮别人解决问题。</td><td>拓展性策略
允许别人犯错。
倾听而不是帮别人解决问题。
只在别人向你求助时，才考虑提供帮助。</td></tr>
<tr><td colspan="2">必要的情绪和感受：愧疚、焦虑、挫败、愤怒和伤心</td></tr>
</table>

机会： 缺乏自信	
价值取向： 真实、勇气、尊重、健康	
猴子思维模式 我对其他人的情绪负有责任。 如果我划清底线把别人惹恼了，那就是我的错。 如果别人不认同我的看法，那我就该受到责备。	**拓展性思维模式** 为了让别人开心就放弃自我表达，不是我的责任。 对别人说“不”和划清底线是好好照顾自己的一部分。 如果别人生我的气，并不意味着就是我的错，也不意味着我需要为他们的情绪负责。
安全策略 把别人的需求放在自己的需求之上。 如果别人对我不满意，我就要退让。 如果别人不同意我的看法，我就要改变自己的观点。	**拓展性策略** 表达自己想做什么。 每天对一些事说“不”。 即便明知对方不同意，也要表达自己的观点。
必要的情绪和感受： 愧疚、焦虑、挫败、愤怒和伤心	

机会： 承担过多的责任，缺乏自我照顾。	
价值取向： 自我接纳、健康、成长、同情、勇气	
猴子思维模式 如果别人都不站出来，那我就必须做点什么。 如果事情出了差错，我就必须得介入。 直到所有事情都处理好了，我才可以做自己想做的。 把别人都照顾好了，我才能关照自己。	**拓展性思维模式** 如果别人都不站出来，也不是我的错。 并不是所有事情都要按照我的想法来。 事情没有做完的一天，所以就别等着那个时刻来临了。 照顾好自己是我的第一要务。

续表

安全策略	拓展性策略
别人不作为的时候，主动去承担这个任务。 看到别人为某件事为难，就主动帮忙。 把别人的需求放在第一位。 推迟照顾自己。	不要主动承担别人不作为的事情，如果别人请求你的帮助，也要有礼貌地拒绝。 让别人去奋斗，这样他们才能成长。 在去做那些你觉得该做的事情之前，先花五分钟的时间好好照顾自己的需求。
必要的情绪和感受：烦躁、挫败、焦虑和愧疚	

现在，我已经给了你所有的工具，你需要开始改变你的生活，从一个由恐惧定义的生活到一个由你的价值观定义的生活。没有什么比抓住这个机会更有助于改善你的生活了。要记得一开始把挑战的难度设置得低一些。给你的新思维模式一个机会好好落地，然后再挑战下一级。经过一段时间，你就会取得长足的进步，包括应对焦虑越来越有韧性，从而能够应对那些自己从前应付不了的状况。一旦品尝过成长的乐趣，我敢打赌你会乐意继续拓展自己的世界版图。

起飞

据计算，由于地球大气的阻力，飞机有 25% 的燃油消耗在起飞和上升的过程中，在海拔高的空中飞行的阻力会小，消耗也会减少。此时此刻的你正坐在跑道起点的那架飞机上，琢磨着自己到底能不能离开地面。你过去所有的习惯和惯性都构成空气阻力，而在这个关键性的起飞阶段，什么能给你的训练提供动力呢？

下一章，我将向你介绍在推动你的拓展性练习时，相当于飞机燃油的方法。这燃油相当有效，而且源源不绝。但你该怎样将这些方法搭配使用呢？继续阅读下一章吧。

尽管我们可以在几乎所有情况下都能练习拓展性策略，但是从难度低的阶段开始更容易成功，因为它对焦虑之猴的威胁相对更小。

CHAPTER 10

正向关注让转变更简单

DON'T FEED THE MONKEY MIND

乔伊上学前班的时候遇到了一些问题。因为他实在太想跟其他小朋友亲近，以至于过分热情，在拉手围圈的环节，其他小朋友一被他摸到或拉到，就会被他的热情吓得赶快跑开。老师反复纠正之后，只好请他不再参与拉手的环节，这让他觉得自己更孤单了。

在作为治疗师私人执业之前，我曾经参与过一个针对学龄前儿童的早期干预项目。学龄前儿童如果有情绪或行为方面的问题，诸如不守纪律或不听指挥之类的，我们就负责提供治疗师和早教专家前去观察并协助解决问题。

我们观察到一个现象，老师总是会对言行出格的学生给予格外关注，比如乔伊这样的捣蛋鬼。这种关注往往表现为责骂孩子或不让他继续参与当前的集体活动。老师们很清楚，我们也同样确认过：他们这样做没有用。事实上，这样的做法会适得其反。我们所有人，尤其是学龄前儿童，都需要关注。如果得不到正向的关注，那就会退而求其次，满足于负面关注，甚至主动寻求负面关注。

我们对这些学龄前儿童的主要干预始于帮老师认清他们想要看到的孩子的行为。乔伊的老师说，他们最希望乔伊不要随便碰其他小朋友。于是，我们鼓励这些老师采用新的策略。

每当老师们注意到乔伊把手乖乖放在大腿上，或是正忙着做一件不会打扰别人的事，哪怕只有几秒钟，他们都会看着他，微笑着说:“乔伊手没有乱动，真棒！”他们还想引导乔伊和其他孩子更多的正向行为，于是就用同样的方法，把注意力集中到孩子们那些正向行为上。

这个策略渐渐成为课堂控制的常用手段，所有言行出格的孩子，包括乔伊在内，开始变得听指挥了。这个策略改善了班级的整体氛围，创造了一种包容的环境，在这种环境下，每个人都想进步，无论他们进步了多少。

正向关注

传统观点认为，我们应该因做错事而受到惩罚，这样我们就会想做正确的事。在我们遇到的每一种情况下，我们都倾向于把注意力集中在我们做错的事情上。尽管生活环境当中的负强化可以令我们有所学习，诸如学会在拿一枝玫瑰的时候不要被刺到，但是无论是听别人说，还是自己提醒自己，都不及被刺一下的教训深刻。在我的工作和生活中已经无数次见证，长期得到正强化才有助于学习。

学习任何新的和难的知识都是如此。如果一名钢琴演奏者在演奏中有几个音节弹错了，但却因为专注力和表现力仍然得到了老师的夸奖，而另一名水平不相上下的演奏者，却只有在演奏完美无误的时候才会得到赞赏，两者相比，前者的演奏水平最终会越来越高。一名篮球运动员，无论他是否命中篮筐，只要他以正确的姿势投篮就会受到教练夸奖，那么他就会比一个只有投篮命中时才被夸奖的运动员更有可能提高命中率。

想要调整行为模式，道理也是一样的，唯一的区别是你需要自己夸自己。在这个练习当中，你既是老师又是学生，既是选手也是教练。作为老师，你需要制定教案。你要设定一个目标，让自己作为学生有意地进行心理和行为上的拓展性训练。就像乔伊的老师努力地抓住每一个乔伊把手老老实实放在腿上的时刻，作为老师的你也要对准自己做得好的那些事。要问自己这些问题：我是否遵循了自己的价值观？我是否使用了拓展性策略？我是否以欢迎的态度面对必要情绪和感受？

当自己的老师或教练可能会感到尴尬，但这是一个需要你积极进取的角色。记住，系统默认的教练是焦虑之猴。当你不理会它所拉响的警报时，猴子思维是不会束手就擒的。焦虑之猴会在球场边走来走去、大吹口哨，嚷着：“你有危险啦！看看你在干什么！这是一场灾难！”自己当教练，你就会学着把目光放在自己的目标上，而不是紧盯着猴子的目标。

理清过程

如果你读过第 8 章的拓展性表格，可能还记得我当时的拓展策略就是每次写作只写 30 分钟。在那 30 分钟的大部分时间里，我觉得自己在写废话。我想象着我的丈夫和编辑读到这些东西之后会是什么样子，然后就忘记了自己到底在练习什么。我在以焦虑之猴的标准衡量自己的写作，任何不值得一读的内容都是一种原始威胁。

我被绑架了。我忘记了焦虑之猴的要求是无法达成的。我想的是自己的成果必须要好，不能有任何错误给自己抹黑，而且要达到所有人的普遍认可。这可是要镖镖射中靶心啊！

一旦发生这种情况，就该拿出自己的拓展性表格了。我一做完练习，就把表格拿了出来。在此再附上一次。

机会： 写 30 分钟	
价值取向： 真实、自我接纳、创造、勇气	
猴子思维模式 我必须知道我要说什么，说得清晰明了，而且必须说得特别好。	**拓展性思维模式** 创造需要冒险。 做得好与不好，并不能定义我作为一个人的价值。
安全策略 多多调研。 等头脑清晰了再动笔。 一旦受挫就放弃。	**拓展性策略** 限定时间，写 30 分钟。 自由写作，允许不完美。 使用欢迎光临呼吸法。
必要的情绪和感受： 烦躁、挫败、焦虑和愧疚	

重新读表格我想起来了，要写得连贯有逻辑并不在表格上。我的目标就是连续写作 30 分钟，并练习以自己的价值观为导向，使用拓展性策略，并且感受一切必要的情绪和感受。

我想了一会儿。我发挥创造性了吗？我真实吗？我勇敢吗？是的，是的，是的！我是不是写够了时长？有没有允许不完美的部分出现？有没有迎接必要的情绪和感受？是的，是的，是的！

在我的练习过程中，很多地方取得了成功，为了承认这一点，我在每一项练习成功的地方都做了标记。在我新的拓展性策略和思维模式成为新的默认体系之前，我需要每天练习做自己智慧的老师和坚持不懈的教练。

在治疗师的工作中，被焦虑之猴绑架这种情况是很常见的。我们来看一个我给那些害怕公众演讲的患者做的练习。练习是在我的办公室做一个五分钟的口头演讲。在没有准备的情况下做练习是没什么意义的，于是我要求每个患者在练习之前都要完成一个拓展性表格。

然而，再多的准备也不能使焦虑之猴安静下来。一旦患者开始说话，那些必要的情绪和感受就涌现出来，于是，他们总免不了被绑架。当我要求患者给自己的表现打分时，他们通常会告诉我自己做得很不好，于是给自己打了一个很低的分数。他们会说“我的大脑一片空白”“我太紧张了，说话结结巴巴的”，等等。但是，当我们重新审视他们的拓展性表格并将口头演讲作为练习机会进行评估时，他们会感到惊讶和宽慰。当他们问自己“我遵从了什么价值取向？我使用了怎样的思维模式？我使用了什么策略？”这些问题的时候，他们会意识到自己所做的是成功的。

问题 / 机遇： 口头演讲	
价值取向： 勇气、真实、成长、挑战	
猴子思维模式 我必须清楚自己要说什么，说得清晰明了，而且必须说得特别好。 如果我搞砸了或者表现出焦虑的迹象，人们会认为我是个失败者。	**拓展性思维模式** 只要开始前行就好，不用总是一箭射中靶心。 无论事情做得好不好，都不能定义我作为一个人的价值。
安全策略 别做了！ 不要看观众。 试着让自己听起来很睿智。 隐藏焦虑的表现。 如果太焦虑了，就停下来或者逃跑。	**拓展性策略** 看着珍妮弗的眼睛。 在五分钟内说三个观点。 允许珍妮弗看到我身上焦虑的表现，像是脸红、出汗和发抖。 即使焦虑也要继续说。
必要的情绪和感受： 焦虑、恐慌、出汗、发抖和脸红	

当他们检查了他们所能运用的每一个实践的特征后，他们就从惊慌失措的学生变成了聪明睿智的老师。每打一个勾，都是对

自己的认可和赞扬。在按新标准打分时，他们往往每一项都能拿到A了。

不过偶尔也有例外出现。有的时候，患者的口头演讲非常顺利，他会给自己打个A，因为他看上去很自信，也没有觉得焦虑，并且记住了自己想说的每一句话。这是按照猴子思维的评分标准来判断的，也就是所谓的瞄准把心。

评估你的练习过程，而不是结果。你有没有遵从自己的价值观呢？你有没有培育出拓展性思维模式并且应用拓展性策略呢？这些是你可以控制的，关注这些会给你带来新的经验和成长。

当你练习的时候射中了靶心或者没有那么焦虑，这表明你可以挑战下一个阶段了。如果必要的情绪和感受没有给你带来足够的挑战，那你就没有办法增进韧性来应对未来的焦虑。不要让靶心分散你的注意力，拓展性任务才是重点！

对照拓展性表格来一一验证并不是得到正向自我反馈的唯一方法。比如，我会给患者打分，我会跟他们说："干得好！得一分。"也不是说我们真的有个计分器，但是这样做依然有效。当患者们在我的办公室里迎接必要的情绪和感受时，我会用"很好""棒极了""坚持下去"这类的话来持续评论。我亲眼见证了夸奖的魔力，效果惊人。

当你在练习的时候，要做自己的教练和老师。赞美你的计划，赞美你的执行力，赞美你迎接负面情绪的勇气，赞美你所有的，除了结果！

为了帮助你理解夸奖在拓展训练中的作用，我们来共同梳理一下几名患者练习最初几周的情况。每个人都遇到了自己独特的问题，并形成了相应的夸奖角度。

埃里克调整自己的关注焦点

在埃里克与员工谈过之后的那期诊疗当中，我问他事情进展如何。“不太好。”他说。他开始向我讲述整个过程，说到在会议期间他感到多么焦虑，而那名员工又是如何为自己辩护。他想把焦点放在自己处理得不好的问题上，还很担心那位员工的丈夫，也就是他的朋友到时候会怎么说。

埃里克被焦虑之猴绑架了。在那种焦虑的状况中，他觉得自己应该自信一些，对自己有信心，不要表现出一丝一毫的焦虑。他还

觉得，那名员工有那样消极的反应，说明肯定是他处理得不好。他觉得自己很失败，而且所有人早晚都会发现这一点。这是他原有的完美主义思维模式在作祟。我本可以让他安心，帮他解决与员工的关系问题，但是这样的话，对埃里克的拓展性训练又有什么帮助呢？

相反，我问埃里克他使用了什么新的拓展性策略。他想了一会儿才记起来——跟员工开诚布公地交谈，并提供额外的培训。尽管他很焦虑，而且那位员工的反应并不算好，但埃里克确实完成了他预设的任务。他需要把焦点重新放到自己做得好的部分，拍拍后背鼓励自己。我常常会让患者们在完成预设任务后，真的去拍拍自己的后背，而且我自己也常常这样做。当然啦，自己拍自己的后背似乎很傻，但总比因为不够完美而自己踢自己要好得多。毕竟那样太可笑了。

玛丽娅的长足进步

玛丽娅形容她第一周的训练是“好坏参半”。她把上网查症状的次数限制在一天一次，但有几天她查了不止一次。她决定不给医生打电话，也不跟丈夫讨论症状，但她也还是犯了几次戒。她来就诊的时候并不确定自己到底是不是有进步。

我问玛丽娅，她的猴子思维有多少次开始叽叽喳喳地说：“不好好把身体感觉查个究竟，可能会错过一些致命的信息”。“几十次。”她回答说。

我问她，她的焦虑之猴有多少次嚷嚷说：“这个感受是新的，比过去的一切感受都强烈”。她微笑着回答：“有很多次”。

我问她，这一周她向焦虑之猴表示过多少次感谢，对它说："我选择忍受不确定性。"毕竟这个才是前一周我们制定的拓展性思维模式和策略的关键。玛丽娅的眼睛放出了光。"多得数不清，"她说，"我要给自己这周的表现打一百分！"

玛丽娅这一周练习很有进展。通过不断提醒自己，新的拓展性思维是什么，来不断强化这一思维模式。检视自己在欢迎战斗或逃跑感受和负面情绪上做得有多好，就是对自己取得进步的夸奖，以此来代替对自己重新跌入安全模式的惩罚。

萨曼莎大放异彩

对于过度负责的萨曼莎来说，不给儿子打电话实在是个巨大的挑战，她想出了一个在取得进步时奖励自己的方法。她回忆起了上小学的时候，发现自己作业本上被老师贴上小星星贴纸时的美好感受，她决定再用这样的办法奖励自己。每当她心底涌现出跟儿子联系的强烈渴望，但是却及时提醒自己不需要为他的人生选择负责时，她就奖励自己一颗小星星。每当她以欢迎光临式呼吸来应对焦虑时，也奖励自己一颗小星星。每当她能忍住给儿子打电话的冲动时，就会再得一颗小星星，如此等等。

尽管有的时候她还是没忍住，终究给儿子打了电话，而且会持续好几个星期，但只要她能继续向着既定目标练习下去，她就仍然有小星星可得。每周结束的时候，她就能看着自己手里的一捧星，证明她的练习是有效前进的。

共同执教

拍拍自己的后背，想象着给自己加分，或是在拓展性表格上画上小星星或小笑脸，这些只是你在拓展性练习的过程中自我指导或是自我奖励的方式之一。如果你的朋友或是伴侣也在做这个练习，你们还可以互相支持。

在经历了艰难的一天之后，你可能会很想跟朋友或伴侣吐吐苦水，倾诉一番自己的艰辛，但是在拓展性练习过程中，情况就乐观了一些。无论是我们所面临的挑战、我们所经历的负面情绪和感受，还是新的人生经验和知识，都会激起你倾诉的兴趣，也会激起别人倾听的欲望。当我在练习的时候，我每天都期待晚饭的时候跟丈夫分享。我特别喜欢听他说:“哇！这真是太激动人

心了。”

无论是得到朋友或爱人的夸奖，还是得到治疗师或自己的夸奖，你都要把注意力集中在重要的事情上——你的价值观、拓展性策略、练习过程，而不是焦虑之猴的叽叽喳喳。夸奖会让所有的艰难险阻变得简单，也是令你的练习起飞的燃料。别对自己太苛责。让给予和接受夸奖成为你练习的一部分。话说回来，为什么不现在就开始呢？把手伸到背后拍拍自己的后背，表扬一下自己，都已经把这本书读到这里了！

巡航

既然我把练习比作乘飞机，而夸奖就是燃料，你也许会猜想，我究竟能不能有机会在高空巡航呢？

能，总有一天你会透过那一道想象中的窗户放眼望去，发现自己已经置身于云海之上，曾经庞大无比的问题也显得微不足道了。你过去经常事后抱怨自己股票选择失误的行为，经过练习，可能会被每年重新评估投资所取代。你过去害怕在会议上发言，练习后也许会变得有话就说。又或者，过去做什么事情都需要征

得丈夫同意，变成尽管他可能会反对也要遵从自己内心的声音。也许在夜晚，你已经可以毫无忧虑地进入梦乡。你可能会觉得，我做到了。

不要这样想。拓展性生活方式是要持续一生的旅程，有无限的挑战，也有无限的回报。我无法预测通过练习你最终能走多高或多远。不再受限于猴子思维模式的生活究竟是什么样的，需要你自己去探索。但我可以概括一下拓展性练习会为你带来的好处，请继续阅读下一章，也就是最后一章的内容。

找出自己练习中做得好的每一个地方，并给予及时的自我夸奖。

CHAPTER 11

当焦虑消失，生活会是什么样子

DON'T FEED THE MONKEY MIND

我在这本书的开始就已经说过，所有试图控制焦虑的行为恰恰是维系焦虑的根源。因此，只要你不再试图控制焦虑，它自然就不会再继续。这究竟意味着什么呢？

没有供给之后，也就等于断了焦虑之猴的口粮，焦虑循环就会被打破。当焦虑之猴敲响警报之后，却总是等不到对于自己所感知到的威胁的确认信息，焦虑之猴就会意识到这个状况是在你掌控之中的。你对焦虑之猴的警报反应越弱，焦虑之猴就越不活跃。当你不再喂养焦虑之猴，焦虑和担心的感受自然会越来越少。

对那些长期被焦虑之猴的叽叽喳喳影响，又总有点滴的焦虑注入身心的人们来说，减少焦虑的承诺几乎是难以想象的。如果心底的焦虑消失了，生活究竟会是什么样子？至少，你会以一种全新的方式思考。

拓展性思维模式

猴子思维模式是个无坚不摧的模式，这个结构是多年积累与强化的结果。到底有没有可能将之改写呢？

许多人已经试过无数种积极思考与自我确认的方式，但最终了解到的却是，改变一个人的思维跟换衣服是不一样的。学习一种新的思维方式就像学习一门新的语言。我们需要实践，我们必须在应用的过程中持之以恒。

当你的人生中确实面临担心时，这一点就尤为真切，就像萨曼莎的那种原始忧虑。在萨曼莎不再一直给儿子打电话，转而开始关注自己之前，要说服自己对于儿子的安全无须负责其实是无力的。

萨曼莎选择不给儿子打电话的最初几次，对她来说是极为痛苦的。当儿子因为萨曼莎对他借钱设限而生气的时候，她就更痛苦了。但是萨曼莎仍旧继续坚持练习，忍受着这一切不安，并且称赞自己照顾好了自己。

她参加了嗜酒者家庭互助会，遇见了很多跟自己境遇相同的人。在别人的生活中比在自己的生活中更容易看到个人的局限。很多人都支持她为自己负责，而不再只盯着儿子或是只关注儿子的问题。几个月下来，经过对新观念的执行实践，她发现自己的健康状况正在改善，她能够为自己做一些事情了，甚至偶尔还能找到一点乐趣。

应对儿子的问题到最后变成了一个机会，让萨曼莎得以完全改变有生以来始终信奉的观念。现在，她真的认为自己要对自己负责，而儿子要对他自己负责。她开始有了自己可以掌控的东西，那就是自己的健康和幸福。她不能为了某些她不能掌控的东西，也就是儿子的健康和幸福，而牺牲自己。即便他遭遇挫败，那也不是她的问题。

无论你的焦虑和担心源于什么，当你选择基于你个人的价值取向而不是猴子的价值取向来采取行动时，你就会得到支持这种思维模式的新体验。你的意识将会融合这个新的体验并将之拓展。随着不断重复新的体验，你原有的完美主义、必须确认和过度负责的思维模式将会瓦解。你将开始相信你所选择的新的拓展性思维模式。拓展性思维将成为你新的默认模式。

有目标地生活，实现你的目标

当你不再受焦虑之猴对安全的迷思限制，对它感知到威胁越来越有抵抗力时，你就可以开始承担必要的风险来达成更大的个人目标了。你从前梦想要做的事情开始变得可行。

如果你还记得的话，玛丽娅渴望旅行。她最尊崇的价值取向就是好奇和随性，但是离开医生或医院超过 10 英里就会令她害怕。现在一切都变了。

首先，玛丽娅很开心地报告说，她身体上不舒服的感觉越来越少了。原因之一可能是她越来越少地刻意遍身搜寻这种感受了。也因为当她真的感到不适的时候，却不会再上网查了。当她不再喂养担心，值得担心的内容也就越来越少了。她感到自己更健康、更轻松了。

在经历了对身体症状不确定性的忍受练习之后，玛丽娅注意到自己在生活的其他方面也更愿意容忍不确定的情况了。她不再对投资决策感到犹疑，购物的时候变得敢于冒险而有决断，而她最常搜索的内容变成了旅行地。多年困守原地后，她开始弥补那些年错过的风景。她刚从南美洲旅行了一个月归来，放在从前去这个地方是她想都不敢想的。玛丽娅现在已经按照自己的价值取向生活了，那就是尽情探索，探索，探索！

同情心和自尊得到提升

埃里克跟所有完美主义者一样，以一种无法达成的标准要求自己。他不允许自己犯错。这样的生活方式意味着他永远不会成功，可想而知，他的自我感觉非常糟糕。但是埃里克通过练习，把这一切都改变了。

现在埃里克允许自己有犯错的机会，他也变得更加有决断了。他不再一味调研，也不再拖延做决定的时间，结果他在工作上有极大的进展。他现在很享受自己的工作了，而这也延续到他与其他人的互动中。他变得更自信、更清醒，也更诚实了，这使他成为一个更好的老板。他不再避免跟员工接触，而是直接交流，大部分问题都能够防患于未然。

由于他越来越自信，埃里克也把练习拓展到生活中的其他方面，比如说开始去健身房了。尽管他还是超重，但他在健身房不再觉得那么不自在了。定期的训练让他变得更强壮，更有自信。现在，埃里克可以接受自己不够完美了，做他自己要容易得多。

当我们对自己越来越宽容的时候，我们也学会了同情他人。当我们开始认识到我们共同的人性和弱点时，比较与批评的声音也就离我们越来越远了。当我们摆脱完美的负担时，我们会感到浑身轻松啊！对困难产生抵抗力。

应对挫折

如果出了问题怎么办？如果你已经做好了挑战的准备，但还是得不到自己追求的结果呢？如果通过练习之后，生活中还是有原始威胁出现怎么办？你的练习不能预防失业、流离失所或是爱人的离开。这些练习并不能使你免受自然灾害、战争或是经济动荡的影响。

我的三名患者都在练习中的某些时刻面临着人生的艰难考验。萨曼莎的儿子最终住院了，正如她所担心的那样。埃里克最终不得不解雇那名员工，并因此失去了他的朋友。玛丽娅确实出现了需要医疗护理的症状。他们都有一个收获，那就是进行并迎接难

度低的拓展性练习令他们的韧性得到难以想象的增长，以至于他们可以承担难度更高的痛苦和损失。

忍受自己必要情绪和感受的能力是一种超能力，能够让你做你曾经认为不可能的事。只要有足够的韧性，无论是感知到的还是切实存在的威胁，你都能应对。提升韧性的练习驾轻就熟之后，你也就做好了面对生活中起起落落的准备。一旦有不幸发生，你的韧性就是支撑你的力量之源。当飓风袭来，你会处在平静的风眼地带，凭借新的拓展性思维模式而展现韧性和稳定性。

愉悦的空间

当你继续以深呼吸迎接一切情绪和感受的时候，你将会感受到自己从未有过的积极情绪。

痛苦和愉悦都处在身体的同一血管当中，它们与你的大脑有着相同的通路。当你以呼吸打开自己的身体，为疼痛留出空间，也就为愉悦留有了栖身之所。当你培养出了开阔的思维模式，允许身体体验痛苦的感觉，同样的神经回路也会带来愉快的感觉。

当你按照自己的价值观行事时，失去的痛苦不仅会变得更容易忍受，长期被压抑的积极情绪也会重新活跃起来。诸如探索的喜悦、独立的骄傲、温暖的同情心、对愉悦的渴望、对自我表达的激情、对慷慨的感激、对通达的敬服和对冒险的热爱，等等，就不会再仅仅停留在字面上，而转化为你切身经历的震撼情感！

但是要小心，不要执着于这些愉悦的感觉或试图获得更多。想要更多正面的情绪也是在喂养焦虑之猴。就让这些愉悦的感受从你身体中流淌而过，就如不愉悦的情绪一样自生自灭。只要你持续拓展，自然会感受到更多！

和平与当下

写下这一部分内容的时候，我刚好是在飞机上。几个小时之前，我到机场办理登机，发现有五个队可以排。尽管距离起飞还有很长时间，但在我选定排在一队之后，立刻发现自己有一丝紧张。左边的那一队移动得似乎更快，之前还排在我后面的人已经走到了我前面。我注意到自己对他们心生怨愤，也为自己愚蠢地选择了这一队而感到羞愧。我的焦虑之猴肯定在忙活，其他人跑到我前面去了，“威胁”到了我的社会地位。

这里仅有的威胁其实是我生活的质量。如果我把焦虑之猴的警报当回事，我就会持续感到压力、烦躁和羞耻。但我随后转念一想：耶！这是个拓展的机会。我张开双手提醒自己，我愿意让别人走到我前面。我充分展开欢迎光临式呼吸，放松那些融入胸口的压迫感和与他人竞争的感觉。这么做，是给猴子思维发送信号，说明我可以应付眼前的“威胁”。我抢到了控制权，重回主场。从猴子思维“应该要如何如何”的预设中解脱出来之后，我开始全情投入“当下”，游刃有余地让必要的情绪自由流淌。我的心情平静了下来。

我一直不愿意在书里用到“在那一刻”“和平”和“当下”这些词汇。这些词都带着灵性的意味，我不想把自己伪装成灵修老师。但是我对于心理学和灵性的方法都有足够的了解和练习，所以我知道即便本书中和灵修老师所使用的方式有不同的名字，但是本质却是一样的。

曾有佛学禅师以数学公式来定义苦难：痛苦 × 抗拒 = 苦难。我们大多数人会认同这个公式，因为我们所经历的抗拒和苦难足以证明这一点。我想对这个公式稍加调整，以便清晰传达本书的基本观点。

焦虑 × 欢迎 = 韧性

我想向你传达的是：请欢迎焦虑，增强韧性。当你有了对焦虑的适应能力，和平与当下的感觉就会唾手可得。

让你的练习持续终生，成为你的生活方式。重新审视你的价值观，把问题和焦虑当作机遇，选择拓展性策略，就像电话铃响起你会拿起手机，敲门声响起你会打开门一样，成为你的第二本能。每天练习的每一个小步骤都会给你的生活带来意想不到的惊人变化。

还要记住，无论你走到哪里，无论你走了多远，焦虑之猴都会在你身边，时刻保持警惕。即便是拓展得最为宽广的世界里，也总有一个边界，跨过之后你就会觉得不安全。当你接近那个边界的时候，熟悉的感觉会再次袭来：感知到的威胁，负面情绪，以及对确定性、完美、对他人过度负责的需求。你会觉得自己仿佛又退回了安全模式当中。

但你会知道自己该怎么做的。你会积极使用欢迎光临式呼吸，然后说一句，谢谢你，焦虑之猴！随后你会朝着新的经验和知识迈进。

没人能说清拓展性练习能带你走向何方，会带你什么样的回报，但是只要你坚持练习下去，就没有什么是不可能的。

附录

APPENDIX

DON'T FEED THE MONKEY MIND

附录1　不确定性耐受度测试

认真阅读下面每一条并给出相应的评分。

3= 非常同意

2= 同意

1= 有点同意

0= 不同意

- 我必须对自己做的每一个决定都十分有把握
- 如果不知道明天会发生什么，我就很难放松下来
- 如果我不格外小心，对我不利的事情就会发生
- 为了让自己感到安全，我需要对任何可能出错的事情做好尽可能多的准备
- 对我来说，提前考虑到不同情况会产生的所有结果是很重要的
- 我总是想知道未来会发生些什么
- 我经常一遍又一遍地检查以确保不会发生不好的事情。
- 我不喜欢我的未来有太多不确定性
- 我经常担心会有不好的事情发生，比如遭遇事故、家人出意外或是生病了
- 哪怕一点极小的疑虑也会严重影响我的行动

你的得分：

你的得分越高，说明你越有可能存在以下问题。对照下面的条目检查一下，你是否存在以下问题：

- 为健康、经济状况、家庭担忧
- 很难放松
- 很难做决定
- 除非很有把握，否则很难发表自己的见解
- 过度规划工作、休息日或假期
- 事情一旦没有严格按计划进行就会变得心烦意乱
- 刻板，不容变通
- 出现问题时很难应对
- 有强迫症倾向

附录 2　完美主义倾向测试

认真阅读下面每一条并给出相应的评分。

3= 非常同意

2= 同意

1= 有点同意

0= 不同意

- 工作中，我似乎总是落在后面，因为我需要很长时间才能把事情做好。
- 当我出了任何一点错误，我就会感觉特别沮丧。
- 如果有人做得比我好，我会感到自卑。
- 如果我犯了错误或在某件事情上表现出不擅长，我就担心会失去别人对我的尊重或认为我不够称职。
- 遇到别人可能会对我的表现进行评价的任务，我经常拖延。
- 我很担心别人怎么看我。
- 如果不给自己设定高标准，我会认为自己是低人一等的。
- 有条理对我来说很重要。
- 当事情不太顺利时，我就会心烦意乱。

你的得分：

你的得分越高，说明你越有可能存在以下问题。对照下面的条目检查一下，你是否存在以下问题：

- 工作过度。
- 因为不去尝试自己不擅长的事情而导致成绩不佳
- 总觉得如果人们看到真实的你，会认为你欺骗了他们
- 不断反思过去的错误
- 低自尊
- 拖延症
- 在选择上过于保守
- 反复思考人际关系、社会关系
- 害羞，倾向于退缩，害怕自己出丑或被别人严厉批评
- 很难做决定

附录 3　测一测你是否存在过度负责的思维模式

认真阅读下面每一条并给出相应的评分。

3= 非常同意

2= 同意

1= 有点同意

0= 不同意

- 当我周围的人难过的时候，我就会很难过。
- 我很难说“不”。
- 我认为不能阻止伤害的发生与故意造成伤害一样糟糕。
- 当我关心的人身处痛苦时，我有强烈的去帮他们解决问题的冲动。
- 当我设定一个限制或提出一个偏好时，我觉得自己需要对别人的反应负责。
- 我倾向于优先考虑别人的需要而不是自己的。
- 当我照顾自己的时候，我会觉得自己很自私。
- 我通常会在别人没做好分内的工作时帮他们补缺。
- 我经常觉得伴侣或孩子的行为，是对我这个人是好是坏的反映。
- 当有人心情不好时，我会想是不是我的错。

你的得分：

你的得分越高，说明你越有可能存在以下问题。对照下面的条目检查一下，你是否存在以下问题：

- 工作比其他人都更努力
- 为别人的问题承担责任
- 缺乏自我关怀
- 精疲力竭
- 总是替他人担心、为他人着想
- 总是给别人提建议，以致于别人对你敬而远之
- 为那些明明不是你的错的事感到自责
- 很难设定限制
- 缺乏自信

附录 4 无法忍受不确定性思维模式拓展表

下面这个思维模式拓展表可以帮助你转变“我必须要十分确定”的思维定式，从而使你的思维得到扩展。

左边两列是“我必须要十分确定”的猴子思维模式的例子，评估你现在对这种思维模式的信任程度。右边两列是具备拓展性思维模式的例子，旨在对抗猴子思维模式，评估你对这些思维模式的信任程度。

对每种思维模式的信任程度不一定是 100% 的。例如，你可能 90% 的时间相信“我不了解的东西可能会害死我”，但 50% 的时间又相信“活在当下更重要”。

花点时间和精力来填写这个表格，可以使你的大脑注意到这两种思维模式的区别，并辨别出哪一种思维模式在现实生活中对我们更有帮助。

超越确定性			
猴子思维模式	我有多相信它（0~100%）	拓展性思维模式	我有多相信它（0~100%）
我不了解的东西可能会害死我。我必须预测并安排好有可能出现的问题。		活在当下比花时间预测未来可能会出什么错更重要。	
我必须确定自己和所爱的人是安全的。		没有明确的危险讯号，那我就当大家都是安全的。	
如果事情没有按计划进行，这一天就全毁了。		练习随机应变的能力，学着在事情不如意的时候如何应对，反而更重要。	
如果不够小心，就可能有坏事发生。		我可以采用合理的预防手段，知道我可以影响但不能控制结果。	

附录5　完美主义思维模式拓展表

下面这个思维模式拓展表将帮助你把完美主义思维模式转变成一种更开阔的思维方式。

左边两列是“我一定不能犯错”的猴子思维模式的例子，评估你现在对这种思维模式的信任程度。右边两列是具备拓展性思维模式的例子，评估你对这些思维模式的信任程度。注意，对每种思维模式的信任程度不一定是100%的。

当你发现自己遇到的情况会让完美主义者陷入焦虑时，查看并记录这些截然不同的心态对你会有极大的帮助。

超越完美			
猴子思维模式	我有多相信它（0~100%）	拓展性思维模式	我有多相信它（0~100%）
错误、评断和批评都是我不够好的标志，我比不上其他人，或者说我失败了。		错误、评断和批评都是我敢于冒险的标志，也是我成长的机会。	
只有事情办得不错，我才会感觉自己不错（有条件的自我接纳）。		我知道自己有的事情做得好，有些事情做不好，但是好与不好并不能反映出我作为一个人的真正价值（无条件的自我接纳）。	
对于失败的恐惧是我的动力。		杰出、创意和目标是我的动力。	
不完美、容易犯错是差劲的标志。		不完美和犯错都是人性的一部分。	
如果别人在某件事上比我强，那就说明我不够好。		做最好的自己，比拿别人的成就来衡量自己更重要。	

附录6 过度负责思维模式拓展表

下面这个思维模式拓展表将帮助你评估过分负责的思维定式，以及如何将其转变为一种更开阔的思维方式。

左边两列是“我要对每个人负责”的猴子思维模式的例子，评估你现在对这种思维模式的信任程度。右边两列是具备拓展性思维模式的例子，评估你对这些思维模式的信任程度。

当你填完这张表后，你会更容易辨别使您感到焦虑的情况下的思维定式，希望这个练习能帮助你以一种新的方式思考。

超越过度负责			
猴子思维模式	我有多相信它（0~100%）	拓展性思维模式	我有多相信它（0~100%）
如果我在乎的人没有做出正确的选择，我有责任做点什么。如果我不这样做，我要对后果负部分责任。		我认为人人都应该为自己的生活和选择负责。他们行为的后果不是我的错。	
向他人说明自己的底线或者声明自己的偏好时，觉得自己应该对对方的感受负责。		向他人说明自己的底线或者声明自己的偏好时，我可以对别人的感受很敏感，但却并不认为需要对他们负责。	
如果其他人不把分内的工作完成，那我就应该收拾烂摊子。		如果其他人不把分内的工作完成，我没有义务挺身而出。我接受他人的作为和不作为所引发的一切后果。	
我倾向于把其他人的需求放在自己的需求之上。		我认为照顾自己跟照顾其他人一样重要，甚至更重要。	
如果其他人感到痛苦，我就会很难过，并试图帮他们解决问题或者指出他们错在哪。		如果其他人感到痛苦，我可以充满同情地倾听对方的感受，但是我的工作不是去解决他们的问题。	

附录 7 给完美主义者的安全性策略与拓展性策略

以下是完美主义者常用的一些安全策略的范例，以及相应的供你练习的拓展型策略。

	安全策略	拓展性策略
1	完成任务你才可以休息。	休息一下，不管任务是否完成
2	反复检查电子邮件里的错误。	写好就发送。
3	把房间打扫得一尘不染，为客人到访做好准备。	允许一点小污垢和小混乱存在。
4	发型和妆容都要完美。	少花点时间在发型和化妆上。
5	工作的地方必须整理得整洁有序。	留下一些小杂物。
6	谈话时要小心，不要冒犯到别人。	谈话自然随意些。
7	不要把时间浪费在你不擅长的事情上。	选择一些有难度的事情，然后进行不那么完美的练习。
8	一定要准时。	试试迟到五分钟。
9	点菜的时候要小心，不要让服务员觉得你很笨。	点菜时故意发错音。
10	以记住别人为荣。	故意叫错别人的名字。
11	必须精准地表达出自己的想法。	允许别人误解你。
12	凡事都要做周密的计划。	不再制定周末计划清单。
13	结账的时候要让自己显得很有本事很有钱。	用硬币或小面额钞票结账付款。
14	在咖啡店要表现得什么都懂。	问问服务员咖啡伴侣在哪里。
15	推迟缴税等任何你讨厌的事。	定好时间，花五分钟来做那件讨厌的事。
16	每件事都要做到完美。	允许自己犯错。

续表

17	隐藏自己焦虑的迹象，比如出汗和脸红。	不刻意隐藏自己焦虑的迹象，甚至直接指出它们。
18	用笑话和闲聊来打破谈话过程中沉默。	保持安静，不管沉默有多尴尬。
19	上课或开会时坐在后面。	坐到前面去。
20	在会议或课堂上为避免尴尬不发言。	至少举手回答一次问题或在会议上发表一次自己的看法。
21	在自己十分确定之前，拖着不做决定。	设定时限，即便还不肯定也要做出决定。
22	向每个人征求意见。	自己独立做决定。
23	只做你特别擅长的事。	培养一个你并不擅长的爱好。
24	想要烹制一顿完美的晚餐。	你掌厨给大家做饭的时候，做得不太好也没关系。
25	把空闲时间花在做一些实际的事情上。	随便上一门课。
26	认真规划下班时间、周末和假期。	让另一半在完全没有咨询你的情况下制定计划。
27	仔细选择服装，搭配风格和颜色。	穿你第一次试穿的那身衣服出门。
28	要严格根据场合穿对衣服。	穿着去健身房的衣服去商场，或者相反。

上述策略是行为拓展性策略，以下是练习心理拓展性策略的一些场合。

安全策略	拓展性策略
回顾过去，找寻错误。	过去到底犯没犯错，可以不必弄得太清楚。
列一个清单，这样你就不会忘记任何事情。	忍住不在心里列清单，允许自己对事情记得不那么精确。
想到还有问题没解决就担心。	使用五步法解决问题。
反复为同一个问题或过去的错误而担心。	感谢自己的焦虑之猴，并且想要更多。给自己安排一个“担心的时刻”。

附录 8　应对无法忍受不确定性的安全性策略与拓展性策略

以下是产生焦虑后常见的安全策略范例，以及相应的可以用来替换它们的拓展性策略。

	安全策略	拓展性策略
1	询问确认所爱的人是否安全抵达目的地。	认定对方是安全的，并且允许不确定性产生。
2	再检查一遍炉子是否关了。	只检查一次或根本不检查。
3	回去再确认一遍门是不是锁好了。	不检查，允许不确定性存在。
4	看比赛时，监督计分。	安心等待比赛结束，裁判自己核对。
5	在网上搜索不舒服感受的相关信息。	用呼吸迎接不舒服的感受。
6	确保为旅行准备好了所有东西。	限制打包行李的时间。
7	出门一定要带手机。	不带手机去遛狗。
8	每次都点以前点过的或自己喜欢的菜品。	尝试一些新的和不熟悉的菜品。
9	接触公共物品后马上洗手。	只在饭前洗手。
10	一定要用洗手液。	只在医院使用洗手液。
11	工作日每天晚上要做什么都提前列好清单。	留出一个自由的夜晚，让自己自由发挥。
12	周末要做的事提前列好清单。	早上或下午不做任何计划。
13	去你以前去过的地方度假。	去一个陌生的地方旅行。
14	总是乘坐最快的交通工具。	选择不同的交通工具。
15	在自己十分确定之前，拖着不做决定。	设定时限，即便还不肯定也要做出决定。
16	总是依靠专家的建议。	自己独立做决定。

续表

17	到公共场所先检查安全出口。	找一个中间位置，远离出口。
18	在做决定时，列一张详细的利弊清单。	掷硬币做决定。

上述策略是行为拓展性策略，以下是练习心理拓展性策略的一些场合。

安全策略	拓展性策略
在心里反复回顾，确保没有忘记做一些重要的事情。	通过对自己说“我不愿意知道”“我不想知道”，来寻求不确定性。
在心里扫描自己的身体，寻找疾病或焦虑的迹象。	通过对自己说“我不愿意知道”“我不想知道”，来寻求不确定性。
在头脑中反复权衡利弊，确保作出最佳决策。	允许不确定性的存在。主动寻求不确定性，寻找更多的焦虑。
想到还有问题没解决就担心。	使用五步法解决问题。
反复为同一个问题或过去的错误而担心。	感谢自己的焦虑之猴，并且想要更多。给自己安排一个“担心的时刻”。

附录9　应对过度负责思维模式的安全性策略与拓展性策略

以下是我们常用的一些安全策略，与之搭配的是相应的拓展性策略。你还能想到其他可以用的拓展性策略吗？

	安全策略	拓展性策略
1	答应去做那些你觉得有义务去做的事。	对那些所谓的义务说“不”，无论一天、一周，还是一个月。
2	问别人想做什么/吃什么/谈论什么。	说你想做什么/吃什么/谈论什么。
3	提醒别人他们忘记的事情。	让别人从自己的错误中学习。
4	弥补他人的过失。	别人的事情让他们自己做。
5	在表达自己的观点之前，先征求别人的意见。	直接说出自己的观点，哪怕别人不赞同。
6	提醒所爱的人“安全驾驶”。	抛弃那些迷信的行为。
7	当别人对你感到失望时，找各种理由解释，想要弥补。	不需要解释的时候无须解释。
8	想说什么的时候，要考虑能否保全现在的位置。	想说什么就说什么，无须证明什么。
9	优先考虑他人的需求。	每周三次优先考虑自己的需求。
10	当别人说的话题让你感到厌烦时，仍保持耐心倾听。	主动发起一个你感兴趣的话题。
11	面对热情的销售员，不好意思走开。	拒绝销售员的喋喋不休。
12	指点别人如何把一件事做得更好。	一天之内不要给任何人指出任何问题。
13	为他人的问题提供解决方案。	带着同情倾听即可，不要试图解决问题。

续表

14	站出来弥补他人的过失。	不要承担别人的工作。
15	要求加班就加班，习以为常。	允许加班作为意外偶尔发生。
16	如果别人需要，你可以随时提供帮助。	为你的空闲时间安排一些有趣、健康的活动。

跟改变行为安全策略一样重要的是改变心理安全策略，就像哪怕别人没在你身边，你还在反复思考并为他人的问题而担心。提醒自己，你无法控制别人的生活。然后专注于自我照顾，让高级脑专注于那些你长期忽略的自身需求。

安全策略	拓展型策略
独处时考虑别人遇到的问题。	有意地把关注点放在自我照顾上。
为他人的问题而担忧，并试图去帮助他人解决问题。	给自己安排一段“担心的时刻”。
因为想要确保他人的安全，而强迫自己祈祷。	拒绝强迫性祈祷，允许不确定性。
在头脑中回想自己本可以或本应该怎么做，就可以帮助到别人。	打断这种回想，接受你已经做错了的可能性。

图书在版编目（CIP）数据

跳出猴子思维 /（美）珍妮弗·香农著;（美）道格·香农绘；张越译．—上海：上海社会科学院出版社，2020
书名原文：DON’T FEED THE MONKEY MIND:HOW TO STOP THE CYCLE OF ANXIETY, FEAR, AND WORRY
ISBN 978-7-5520-3128-7

Ⅰ．①跳… Ⅱ．①珍… ②道… ③张… Ⅲ．①焦虑—心理调节—通俗读物 Ⅳ．① B842.6-49

中国版本图书馆 CIP 数据核字（2020）第 042142 号

跳出猴子思维

著　　者：（美）珍妮弗·香农
插　　画：（美）道格·香农
译　　者：张　越
责任编辑：周　霈
特约编辑：徐　昕
封面设计：主语设计
出版发行：上海社会科学院出版社
上海市顺昌路 622 号　　邮编 200025
电话总机 021-63315947　销售热线 021-53063735
http: //www. sassp.cn　　E-mail: sassp@sassp.cn
印　　刷：天津旭丰源印刷有限公司
开　　本：710 毫米 ×1000 毫米　1/16
印　　张：16
字　　数：120 千字
版　　次：2020 年 6 月第 1 版　2021 年 7 月第 2 次印刷

ISBN　978-7-5520-3128-7/B · 274　　定价：42.80 元